BL之間的性愛與身體

踏入腐界最想了解的真相！

熱愛ＢＬ的人，應該都曾思考過
ＢＬ作品中，與性愛場面有關的問題吧？

——男男做愛時，
到底是什麼感覺呢？

本書的主旨，就是以現實中的生理機制來說明
腐女們無法體驗，甚至無法想像的男男性愛的快感。

讓我們來聽聽兩名腐女醫師
以及史上首位以「偽娘」身分活躍的前ＡＶ女優＆現任藝人大島薰的說法，
一起深入探究男人的身體與性愛（♂×♂）吧。

為了更深入地享受ＢＬ的樂趣，也為了在創作ＢＬ時更寫實地描寫性愛場面，
請務必和我們一起推開浪漫的大門。

Contents

Chapter 1

男男之間H的基本概念

Chapter2

關於男人身體的進階知識

Chapter3

EXTRA

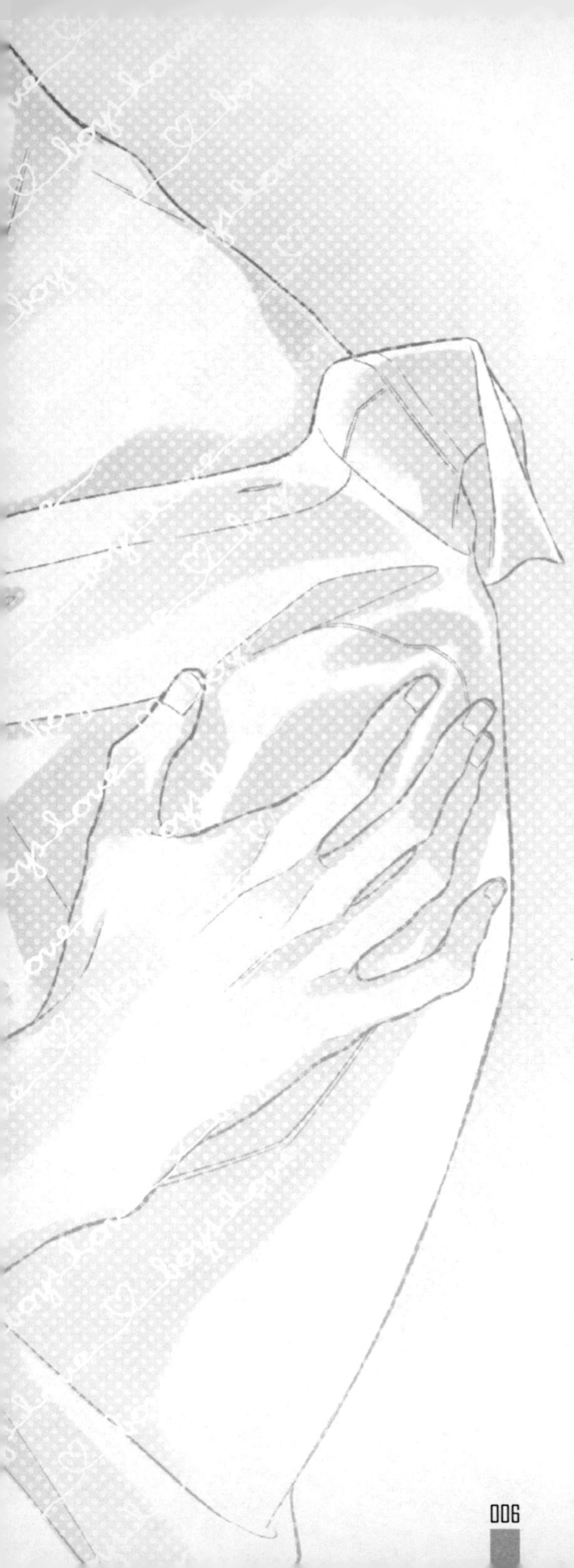

Chapter 1

男男之間H的基本概念

男男是怎麼做愛的呢？

男性的身體天生不具備女性陰道般以「接受」為目的的生殖器官。既然如此，男男做愛時，該以哪個部位性交呢？答案是肛門。本書接下來要解說的，不是ＢＬ作品中的「８０１穴【※1】」，而是現實中以「肛門」來性交時的各種相關知識。

與男女性愛時相同，男男性愛時也會嘴對嘴地接吻，或者愛撫、舔舐身體各部位，例如乳頭、耳朵、手指、腳趾、側腰、大腿內側等會帶來快感的部位。至於女性沒有的陰莖，由於男女性的生殖器官其實是同源器官，龜頭部位相當於陰蒂，陰莖縫相當於小陰唇，陰囊相當於大陰唇。即使是女性，也大致能想像得出男男以下列方式性愛時，例如以口含住、或是用舌頭舔舐對方生殖器的「口交」，以手來刺激生殖器的「手交」，或者以大腿夾住生殖器的「股交」時得到的快感。

男男的性愛方式中，女性最難想像其快感的，應該就是「肛交（肛門性交）」了。插入方的攻君的快感自然不用說，由於女性沒有前列腺和精囊、睪丸（精巢），因此也無法以類推的方式想像被插入的受君的快感。

關於這些「難以想像的快感」，本書除了向外科與消化外科的腐女ｍｉｉ醫師以及さーたり醫師請教之外，還邀請了史上首位以「偽娘」身分成為ＡＶ女優，目前以男性藝人的身分活躍的大島薰先生現身說法，為腐女讀者們做解說。左頁是男性的性感帶分布圖，有助於理解本書的其他單元，歡迎加以參考。

【※1】801穴
只存在於ＢＬ作品中的虛幻器官。ＢＬ作品的性愛場面中常會出現「變得溼潤」、「強烈收縮」等等，就一般情況而言肛門或直腸不可能會有的，近乎女性性器官（陰道）反應的描寫。或者在描繪體位時，插入的位置偏離肛門，反而更接近陰道的位置。雖然不是女性性器官，但又難以將其視為肛門或直腸，這個神祕的部位因此被稱為「８０１穴」。

男人的性感帶在哪裡？

有♡記號的部位就是男人的性感帶所在之處。
與女性相比，男人的性感帶部位不多，一般而言不如女性有感。

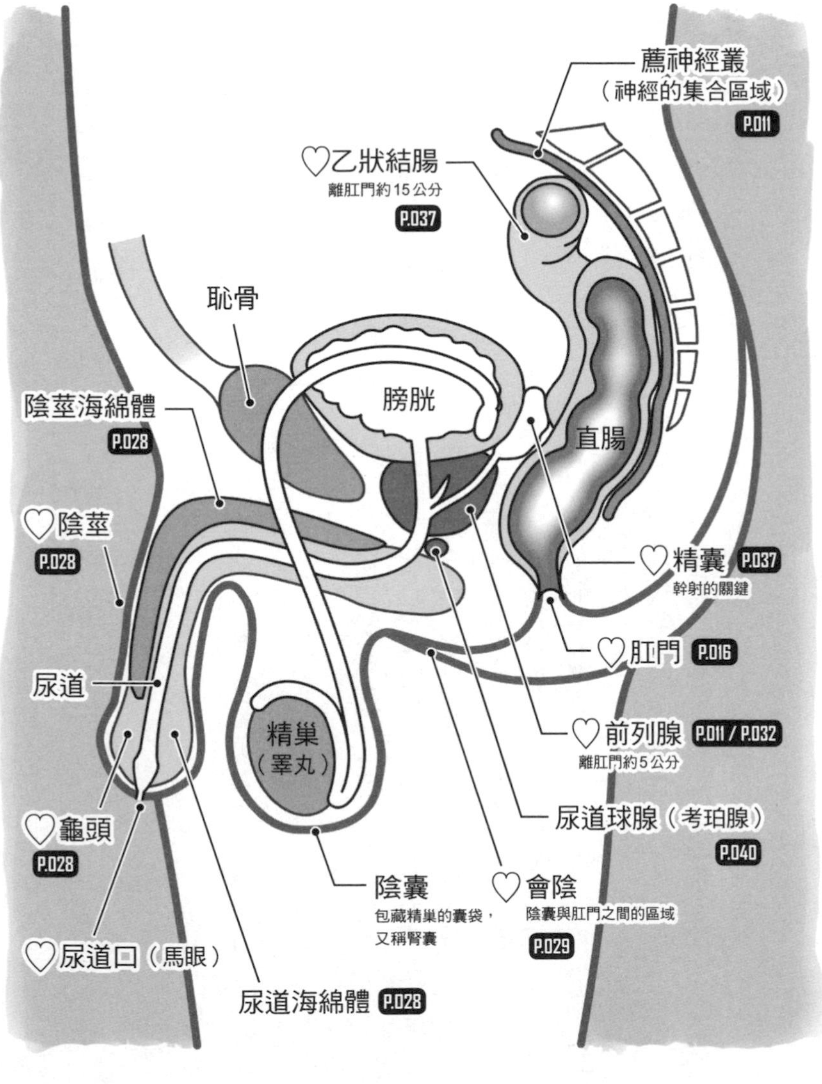

為什麼「屁屁」能得到快感呢？

古希臘哲學家亞里斯多德說過「肛門是第二個性器官」。如這句話所示，在禁止同性性行為的基督教文化席捲整個地中海世界與歐洲之前，男男肛交是一種普遍且普通的性行為。希臘的阿斯坦帕利亞島上曾發現一塊刻有兩根陰莖，象徵男同志性行為的天然岩石【※1】，據信是西元前6世紀中期的刻畫，被稱為是世界上最早的同性戀色情藝術。

在日本，男男之間的性行為稱為「男色」。有一種說法，男色是與漢字一起從中國傳入的。最早的男色紀錄出現於《日本書紀》。佛教傳入日本後，禁止娶妻的僧侶與稚兒之間的孌童、武士社會的眾道【※2】、歌舞伎界的陰間【※3】等等，男色文化一直延續到幕府末年。

從古代起就吸引著男性的肛門性交，究竟有什麼樣的快感呢？

首先來討論攻君的快感。陰莖插入直腸的感覺與插入陰道的感覺沒有太大差異。但是入口處的緊縮力道，絕對是肛門比較強，據說只要試過一次就會上癮。尤其射精時，肛門會強烈收縮（強到像是快被夾斷的程度），因此當受君射精後，攻君通常也會跟著射精。

那麼，受君的快感又是如何呢？

分布在男性生殖器周圍的神經主要集中在陰莖、睪丸與前列腺。此外肛門周圍也有陰部神經，生殖器後方脊椎與骨盆相接的薦骨部分還有名為薦神經叢、聚集了許多神經的區域。不過最

【※1】岩石塗鴉
2014年，由約阿尼納大學的研究團隊所發現。塗鴉旁還刻著「尼卡斯蒂莫斯在這裡和狄米奧納做愛」等文字。據說當時這附近有軍方的要塞駐地……。

【※2】眾道
武士之間的同性之愛。

【※3】陰間
↓參考第89頁。

重要、接受攻君陰莖的直腸部位，雖然腸壁內部分布著許多脊髓神經，可以在糞便累積於直腸時，將訊息傳遞到大腦皮層，引發便意，但是並沒有能感受到痛覺之類的神經。既然如此，肛交時受君為什麼會覺得舒服呢？其實目前我們還無法明白其中的機制。

名為肛門外括約肌【※4】的部位有著非常敏感的陰部神經，平時會強而有力地緊縮，以免糞便外漏。假如從體外強硬地撐開肛門，則會產生令人想慘叫的痛感；但即使花上許多時間慢慢擴張肛門，在受君身心放鬆的狀態下插入，痛感仍然存在。就算好不容易插入了，直腸也會因為感受到異物而強烈地蠕動收縮，試圖將異物排出，這種排泄般的感覺也很難稱為「快感」。

可是！假如只有這樣的話，男性對肛交上癮的理由就只能以「人體的神祕」來解釋了！

雖然直腸本身沒有會讓人感到「好舒服」的神經，但是隔著腸壁，另一側卻有集中了許多神經的前列腺。陰莖插入直腸後，朝受君的腹部方向頂觸，就能對前列腺造成刺激，成為肛交時的快感由來。這是目前的普遍看法。

前列腺中的前列腺小囊與女性的子宮和上陰道為同源器官，也稱為「男性陰道」。胚胎生長到第8週左右時，會發展出一對生殖腺、米勒管（副中腎管）、沃爾夫管（中腎管）等器官。具有XX染色體的胎兒，生殖腺會發展成卵巢，米勒管會發展成輸卵管、子宮、上陰道的一部分，沃爾夫管則會退化。相反的，具有XY染色體的胎兒，生殖腺會發展成精囊，沃爾夫管會發展成附睪、輸精管與精囊，米勒管則會退化，退化後的胚胎痕跡就是前列腺小囊。據說刺激這個前列腺小囊，就會得到女性的陰道或子宮受到刺激般的感覺，有時更有甚之。

雖然不明白實際情形是否真是如此，但是刺激前列腺，不只能讓男性勃起，甚至能在不射精的情況下產生高潮，也就是所謂的前列腺高潮，這是千真萬確的事實。據說隔著腸壁刺激前列腺並高潮之後，大腦就會記住這種快感，以後做同樣的事時，就會知道「碰這裡很舒服」了。

這，不就是所謂的「學習」嗎!?

【※4】肛門外括約肌
是圍繞在肛管（Anal Canal，肛門）周圍的兩種括約肌之一。直腸壁內環肌延伸到肛管時變厚的部分就是肛門內括約肌，是無法以意識加以控制的「不隨意肌」，正常情況下是隨時處於收縮狀態，以鎖緊肛門。內括約肌外圍的肌肉則是肛門外括約肌，這部分的肌肉則可隨意志自由收縮、放鬆。

除此之外，只要經歷過前列腺高潮，日後被插入時，雖然還是會有痛感，但是會基於「巴夫洛夫制約【※5】」，期待著之後的快感，所以感覺起來就不會那麼痛了。

順帶一提，成年男性在放鬆狀態時，肛門可以擴張的最大直徑為3・5公分。日本人的平均龜頭直徑為3・53公分，陰莖平均長度為13・56公分（根據2015年「TENGA FITTING」），剛好是可以頂到直腸最深處（乙狀結直腸【※6】）的絕佳尺寸。藉由研究人體的構造，我們就可以明白男性情侶之所以會愛上肛交的原因。

大島薰's TALK

肛交時 0號都是超♥敏感狀態 突入乙狀結腸時會變得軟綿綿哦

如果要問第一次肛交時有沒有感覺，答案是有的。基本上排泄時我們都能感受到快樂。假如排泄時會覺得很不舒服，那麼所有人不就都不想上廁所了嗎（笑）。不過，那種快感和經過開發而得到的「雌性高潮」是兩回事，所以離真正意義上的感受到「後庭快感」是有段距離的。就算是同志，也有許多人誤以為「好像還算舒服」就是所謂的後庭快感，希望大家都能再接再厲，精益求精。

肛門被插入時，全身的敏感度會變高。異物進出肛門時會造成緊張感，而緊張感會刺激交感神經，使豎毛肌收縮，乳頭挺立，敏感度也會因此提升。肛交時會冒冷汗，就是出於這個原因。

此外，肛門也比嘴唇敏感。我想大家都知道與肛門有關的疾病會造成劇痛，其實這是因為肛門分布著非常敏感的知覺神經的緣故。在敏感度方面，甚至優於皮膚中最敏感的指尖部

【※5】巴夫洛夫制約
也就是所謂的「反應制約」，以訓練或經驗等後天方式使動物產生反射性的行為。因為這個研究是由前蘇聯的生理學家伊凡・巴夫洛夫率先提出的，因此也被稱為「巴夫洛夫制約」或「巴夫洛夫的狗」。

【※6】乙狀結直腸
乙狀結腸與直腸上方的交界處。

位。只要稍微愛撫，就會非常有感覺。

假如把雞雞插入男性的肛門裡，大部分被插入的人馬上就會因為有異物而覺得很怪，很不舒服。但是只要忍耐著那種感覺，持續被抽插，怪異和不舒服的感覺就會愈來愈少，產生一種雞雞跟肛門融而為一的感覺。這就是肛門從排泄器官轉變成性器官的瞬間哦。

我自己在當0號時，被插入時是會硬起來的。我問過被插入時硬不起來的男性肛交時有什麼感覺，「被幹時很自然地就軟掉了，只會一直流汁，不過這種時候反而會有『啊，我變成這個人的女人了……』的充實感，還不如說因此覺得很幸福呢。」對方是這麼說的。

我常被人問起肛門的第一次經驗，不過我的第一次是在小四時，把乾電池塞進屁眼裡，所以沒有任何參考價值（笑）。我問過認識的同志，對方說「第一次時覺得很怕，不但很痛而且還流了血，不過因為我喜歡對方，為了和他合而為一，所以一直忍耐。」請參考這樣的意見。

在十八禁同人誌裡，經常有男人一插入陰道就頂到女生的子宮，讓女生連續高潮不止的畫面。假如插入的是男人的肛門，就等於頂到乙狀結腸【※7】了哦。一般而言，雞雞都是在直腸裡抽插，不過直腸最深處的乙狀部位有點像子宮頸口，越過那個轉折之後就是乙狀結腸。據說頂進乙狀結腸的話，有些人會高潮到失去意識呢。

很長的雞雞插入直腸時，會覺得腸子深處似乎有個圓圈，那兒就是乙狀結腸的入口。只要很有毅力地頂撞那個部位，圓圈就會擴張，讓雞雞進入更深的境地。雞雞剛頂進乙狀結腸時，會高潮到幾乎失去意識，肛門會比平常夾得更緊，雞雞深入時多少會產生抵抗感。不過，一旦雞雞正式進入乙狀結腸，那種感覺也會跟著消失，整個人會變得呆滯，連自己流下口水都沒有自覺。

【※7】乙狀結腸
大腸大致上可以分為盲腸、結腸、直腸幾個部分。結腸為連接盲腸與直腸的段落，環繞在小腸外圍般地分布於腹腔。其中位於腹腔左側的降結腸，垂直下降到約25公分的部位時會開始向右彎，並在骨盆腔的薦骨附近呈乙狀彎曲。這段長約45公分的段落就是乙狀結腸，向下與乙狀結直腸相連。

肛門會溼嗎？

肛交時，受君會「溼」嗎？答案是：不會。

大腸的黏膜會分泌名為大腸液的液體。大腸液與小腸分泌的腸液一樣同屬鹼性，但是不含消化酵素，取而代之的是含有大量黏液成分。這些黏液會保護大腸黏膜，並使腸壁變得滑溜，好讓腸內物體能順暢地移動。

光聽這些，會覺得腸液很適合肛交呢。不過想分泌腸液，必須刺激副交感神經。副交感神經屬於無法由意識控制的自律神經系統，所以，就算「想要分泌大腸液」，也沒辦法分泌出來。也就是說，肛門無法像女性的陰道那樣因為性興奮而變得濡溼。

就算痴痴地等，也等不到副交感神經起作用，所以肛交時，會使用潤滑劑或專用潤滑液，以及含有潤滑液的保險套。藉著潤滑劑或專用潤滑液與活塞運動，肛門會漸漸放鬆，不但有助陰莖插入，而且潤滑液從肛門流出來的畫面，看起來還很情色呢！

想拿橄欖油之類的食用油作為潤滑劑也是可以的，但是使用後身體會變得油油黏黏，很難清洗乾淨，而且保護腸壁的效果也不如專門產品優秀。假如在BL作品中看到攻君不選擇這些替代品的話，「這個攻君很懂！而且很有心！」請如此稱讚他們。

說到潤滑液，日本第一部專門為了男同志而創刊的雜誌《薔薇族》的總編輯伊藤文學曾經為了拓展同志文化而販賣一種潤滑產品，稱為「愛的潤滑液 Love Oil」。從推出商品至今已經超過

35年了，仍然能在情趣用品專賣店或網站上買到，是不為一般人知的長銷商品。就另一個角度來說，正好可以證明肛交時是非使用潤滑劑或專用潤滑液不可的。

雖然說潤滑劑或專用潤滑液是肛交時的必備道具，不過最有效的潤滑劑應該是受君的放鬆吧。受君很緊張的話，肛門也會跟著縮緊，連一根手指也無法插入。為了讓放鬆身體的副交感神經確實起作用，攻君要多說些情話，確實地愛撫受君，好讓受君放鬆下來哦。

大島薰's TALK

肛交時，如果0號溼了其實不是基於性興奮只是生理現象而已

肛交中，有時潤滑液剛好用完，但肛門還是會溼溼滑滑的。這種黏黏的液體名為「大腸液」，是由大腸分泌的體液。是身體為了保護直腸或肛門不受侵入的異物傷害而分泌的。

BL作品中常常可以看到「在浴室做的時候，以洗髮精之類的身體清潔用品作為潤滑劑做愛」的情節，可是這些清潔用品對腸子而言刺激性太大了，其實非常不適合作為潤滑劑使用。

♥沒有專用潤滑液時可以作為潤滑劑使用的不傷身替代品♥

第1名：太白粉
溶於水中後加熱使用。事後處理時也很輕鬆哦！

第2名：護手霜
比潤滑液更清爽哦！

第3名：沙拉油
黏黏的，不容易清洗哦！

肛門收縮時攻有什麼感覺？

據說肛門收縮時的力量非常強勁！但究竟有多強勁呢？在說出答案之前，先讓我們來想像一下吧。

人體的肛門有雙重枷鎖，分別是位於內側的肛門內括約肌與外側的肛門外括約肌。肛門內括約肌為直腸壁的環形肌層在肛管處增厚形成，由不隨意的自律神經系統【※1】控制，因此就算沒有自主意識，肛門還是會緊密地閉合。而外側的肛門外括約肌，是由隨意神經系統【※2】，也就是軀體神經系統【※3】所控制，可以隨人的意志來收緊或放鬆。

肛門內括約肌平時會讓肛門緊閉，但是當糞便累積於直腸造成壓力時就會鬆開。副交感神經會把信息傳遞到大腦，引發便意。出現便意時，直到我們忍著進入廁所解放為止，都是由肛門外括約肌來收緊肛門，防止糞便外漏。

人類是直立步行的生物，因此糞便會垂直向下排泄。而既然肛門括約肌能抵抗重力，收緊肛門防止糞便漏出，緊縮能力自然是滴水不漏。根據大島薰的說法，肛門平時的收縮力和十幾歲年輕女性的握力（約25公斤）差不多。也就是說，肛門的牢固程度相當於年輕女性用力握緊拳頭時的拳眼。假如攻君想在不造成傷害的情況下鬆開這拳頭，就必須一根手指、一根手指地增加插入數量，慢慢擴張才行。只要一抽手，肛門又會立刻縮緊，因此必須花上很長的時間來放鬆，直到拳頭累了鬆開為止。肛交時肛門會比平時更緊張，因此堅不可破的程度可能相當於成年男性的拳眼吧。

假如加以鍛鍊，肛門甚至連鐵罐都能夾扁。

【※1】自律神經系統
又稱植物神經系統。由交感神經系統與副交感神經系統兩組神經系統組成，是司掌循環、呼吸、消化、內分泌機能、生殖機能、代謝機能，調節體溫、出汗等等的神經系統。交感神經會在身體活動時，或感到緊張、有壓力時活性化，增加身體的活動能力；副交感神經會在休息、放鬆、睡眠時活性化，修補身體活動造成的疲勞與傷害。

【※2】隨意神經系統
可以有意識地控制手、腳等肌肉部位的神經系統。

男性在射精時，生理上肛門會不由自主地收縮。所以當受君射精時，攻君的陰莖會受到一般男性握力～夾扁鐵罐程度的力量夾擊。所以BL作品中受君高潮時，攻君呻吟著說「你想夾斷我嗎!?」的場面，其實一點也不誇張哦。

大島薰's TALK

只有經歷過被O號夾緊的人才懂的排行榜！

♥O號的肛門收縮程度♥

←鬆弛←
- LV1：完全無感
- LV2：雌性高潮的末期
- LV3：肛門處女

←從這裡開始變緊←
- LV4：有感
- LV5：雌性高潮的初期
- LV6：雌性高潮的中期
- LV7：雌性高潮的最高潮
- LV8：剛射精完

←宛如被虎鉗固定←
- LV9：射精中

陰道插入壓力的測量單位是mmHg（毫米汞柱）。將其換算成kg（公斤）後，與肛門的收縮力道及握力進行比較。

強
【SS】用力時的肛門…捏扁鐵罐的握力
【S】稍微用力的肛門…年輕男性的握力
【A】平時的肛門…年輕女性的握力
【B】號稱名器的陰道…可以夾斷香蕉的握力
【C】女性的平均陰道插入壓力
弱

【※3】軀體神經系統 也稱為隨意神經系統或動物神經系統。司掌運動神經與感覺神經等動物性機能。與控制不隨意運動的自律神經系統相反。

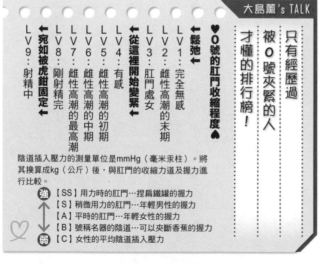

就算是第一次，也能順利進入嗎？

肛門平時收緊的程度相當於十幾歲年輕女性的握力，緊張起來時相當於成年男性握力。從體外把直徑相當於肛門可擴張的最大寬度的物體插入肛門內，果然是很痛的吧！強行插入的話，可能會造成肛裂，嚴重的話甚至可能傷害肛門括約肌，造成排便失禁。因此在肛交前要好好愛撫親愛的肛門才行哦！

「插入」前有以下的步驟。

♥第1步　清洗肛門♠

直腸是累積糞便的器官。糞便中約80％是水分，剩下的20％是食物殘渣、老化脫落的腸道黏膜及死掉的腸內細菌。而且包含了大腸桿菌等數量眾多的細菌，很難說得上衛生。對於插入與被插入的人而言，看到便便時心情應該都不會太美麗，所以要先把腸道清洗乾淨。而最普通的清洗方式就是浣腸。

浣腸的基本方法是：以手壓幫浦式浣腸器將30度左右的溫水約１００毫升注入直腸內再排出。沒有幫浦式浣腸器時，也可以把浴室的蓮蓬頭拆下，將水管（軟管）抵在肛門上，將溫水注入肛門內。如此重覆排泄3、4次之後，排出物會變成透明無色，如此一來就大功告成了。假如有溫水洗淨便座的免治馬桶，也可以利用它來清洗肛門。把水勢設定在中~強的程度，時而放鬆時而收緊肛門，讓溫水進入直腸。等到排出的水變透明，清洗就告一段落了。

♥第2步　潤滑劑♥

將肛門洗乾淨之後，把潤滑劑或潤滑液大量塗在肛門周圍。也有肛門專用的潤滑液哦。

♥第3步　肛門按摩♥

對於仍然處於緊閉狀態的肛門，首先要以手指加以按摩。以像是把每條肛門皺摺都撫平般的感覺，輕柔、仔細地按摩括約肌。等括約肌放鬆後，將保險套戴在食指上，沾滿潤滑劑或潤滑液緩緩地將手指送入肛門之中。剛開始時花30秒到1分鐘左右的時間把手指插到底，接著開始來回抽插，把肛門漸漸撐開。等到食指能順暢地進出後，再加上一根手指，以兩根手指隔著腸壁按摩前列腺與膀胱周圍（精囊），等到可以順利插入

三根手指後，就能插入陰莖了。不過這只是大致的基準，實際上該插入幾根手指會因人而異。

擴張肛門時，重要的是一邊觀察受君的表情，一邊調整按摩的力道跟手指的數量。有時以手指震動，有時以兩根手指夾住前列腺。有時受君也能在這個階段就達到高潮。此外，以情話或愛撫身體等方式讓受君放鬆身心，強化興奮的情緒也是很重要的步驟。

受君自己事先擴張肛門時，可以使用肛塞之類的道具來幫助擴張，並直接把道具插在肛門裡。等兩人調情到乾柴烈火的狀態時，攻君只要拿下肛塞，就可以立刻長驅直入了。

♥第4步　插入陰莖♥

現實中，插入前要先戴好保險套，並追加潤滑液才行。一開始插入時的基本注意事項是「慢慢來」。

肛交＆用來開發肛門的道具

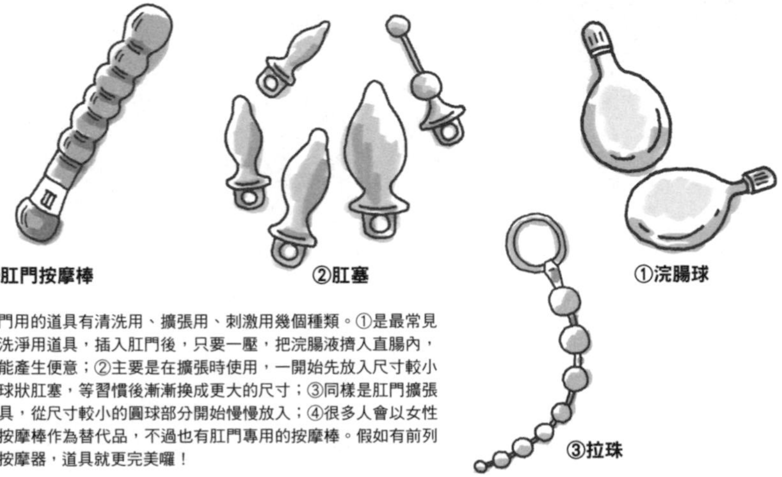

肛門用的道具有清洗用、擴張用、刺激用幾個種類。①是最常見的洗淨用道具，插入肛門後，只要一壓，把浣腸液擠入直腸內，就能產生便意；②主要是在擴張時使用，一開始先放入尺寸較小的球狀肛塞，等習慣後漸漸換成更大的尺寸；③同樣是肛門擴張道具，從尺寸較小的圓球部分開始慢慢放入；④很多人會以女性用按摩棒作為替代品，不過也有肛門專用的按摩棒。假如有前列腺按摩器，道具就更完美囉！

大島薰's TALK

反覆抽插之後 肛門會慢慢鬆開 只要事先做好準備，就能馬上插入

假如0號的肛門很難順利擴張，建議1號可以「舔肛」來幫助0號放鬆。在以手指插入肛門之前，先以舌頭加以刺激的話，肛門會以極快的速度軟化下來。舔肛的訣竅是：像是要把每道皺摺都撫平般地舔開。如同背部與大腿內側等平時很少被他人碰觸的部位會特別敏感，肛門皺摺重疊的部分也會相當有感覺。假如對舔肛有所抗拒，也可以改用手指輕觸皺摺，或是以毛筆刮搔皺摺。

重覆插入的動作，肛門也會柔軟下來。一開始可能連一根手指都插不進去，但是等到插入的次數多了後，插入更粗的物體也沒有問題。就算沒有每次都照同樣的順序，一根手指、一根手指地慢慢擴張，肛門的柔軟度也會增加。雖然常聽人家說「要先把肛門擴張到能插入三根手指，才能把陰莖插入」，不過我自己的話，就算不特地按摩放鬆，也可以直接插入三根手指。

即使兩人性致都很高昂，但是花上30分鐘時間慢慢鬆開肛門，1號也會因為被放置的時間太長而軟掉呢。所以為了能夠立刻插入，0號可以事先做好以下的準備。

♥粉狀膳食纖維♠

在約會前一天吃的話，直腸會變得很乾淨。相反的，如果最近便便的水分太多，不論怎麼清洗都還是可能會有殘留，這種情況的話最好事先吃一些防止軟便的東西。

♥事先塗上潤滑液♠

出門約會前，事先把潤滑液塗在肛門上。就算乾了，只要加點口水或清水，又會立刻變得潤滑。但是也有可能造成接觸性皮膚炎，所以不建議這麼做。

♥肛塞♠

約會時一直插著肛塞，想做時就不必另外放鬆了。而且還能讓1號玩拔出肛塞的遊戲。這是我的獨門方法。性致高昂時，1號不想花太多時間軟化肛門，可是0號也不想被隨便攪弄幾下後就被挺進，還不如乾脆做好「可以直接上」的準備。

♥浣腸♠

事先把屁屁洗乾淨是一定要做的事。不過我把浣腸也當成性愛遊戲的一環。忍著不排泄時，神經會變得相當敏感，乳頭之類的性感帶會變得很有感覺。所以我很推薦玩忍耐遊戲。

適合男男性愛的體位是？

思考男男性愛的體位之前，讓我們先來想想男女骨盆的不同之處吧。

骨盆是一個缽狀般中間下凹的骨骼構造。中央的空間可以容納一部分的腸管、泌尿器官、生殖器官等等。由於男女生殖器官不同，骨盆的形狀也男女有別。男性的骨盆較深較窄，女性的骨盆較淺較寬。從正面看的話，男性的骨盆呈心型，女性的骨盆則像蝴蝶。以這種方式比喻，不知大家能不能想像得出來呢？

女性的骨盆較淺較寬，是為了懷孕、生產的緣故。骨盆前下方有一個由左右兩方的恥骨下支【※1】形成的夾角（恥骨下角）。男性的恥骨下角為50～60度，女性的恥骨下角為80～85度，比男性寬相當多，如此一來在分娩時，胎兒才能順利通過產道出生。所以當女性雙腿併攏時，即使用力夾緊雙腿，股間還是會出現空隙。而且由於女性的骨盆較寬，左右兩側髖關節之間的距離也較長；相對的，男性的恥骨下角小，髖關節的距離較近，而且因為男性骨盆的角度不如女性大，所以雙腿無法張得像女性那麼開。

另外就是，女性把屁股向後突出似地坐著並向後彎腰，或是在四肢著地的狀態讓腰部下沉、彎曲背部時，從腰部到肩胛骨部分的背肌會呈現柔軟的弧形；但是讓男性做這些動作的話，就算向後彎腰，背脊的線條仍然是直線，無法像女性那樣如柳條般柔軟。

也就是說，男性的雙腿沒辦法開得像女性那麼開，也很難做出把腰抬高、背向後彎的姿勢。

【※1】恥骨下支
骨盆左右兩側的下端，連接恥骨聯合（身體前方）與坐骨的部分。

男性的骨盆

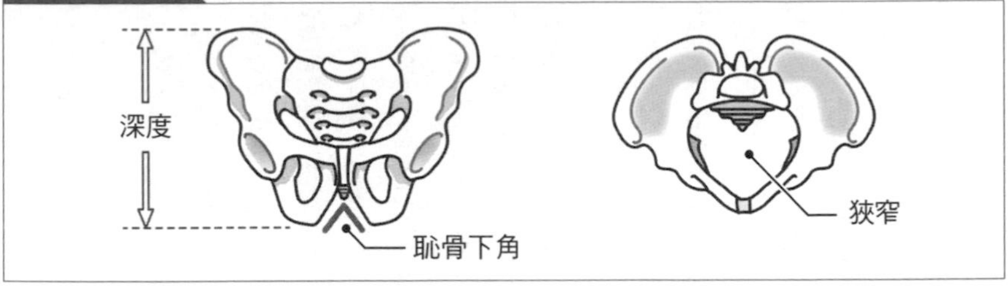

女性的骨盆

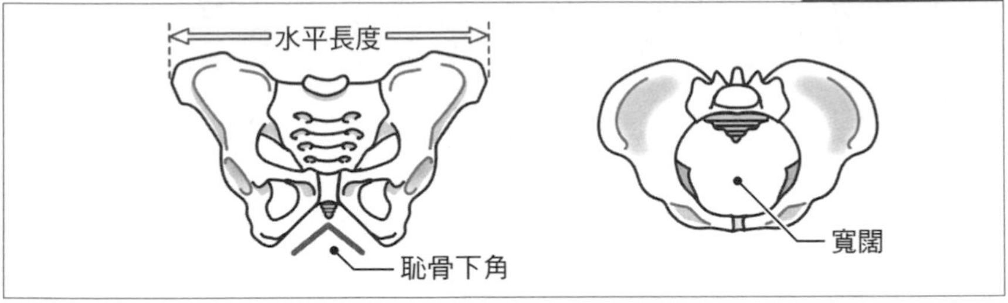

再加上，雖然程度因人而異，肛門的位置比陰道更靠近背部，是夾在臀瓣中的器官。假如想以正常體位（傳教士體位）把陰莖插進比陰道更下方的肛門，受君的腰就必須抬得相當高，背脊也必須呈大幅度的彎曲才行。除此之外，M字開腳或劈腿之類的動作，除非身體天生非常柔軟，否則必須經常練習才有辦法做到。因此受君將雙腿掛在攻君肩上或是勾在手肘內側，好讓雙腿可以較為輕鬆地張開，是很自然的做法。

從這些身體特性，我們可以明白男男性愛時，「正常體位」其實是難度相當高的體位。

既然如此，適合男男肛交的體位究竟是什麼呢？答案就是「後背體位」、「騎乘體位」以及「對面坐位」、「背面坐位」。就肛門的位置而言，後背體位可說是對受君而言最輕鬆的姿勢，剛成為受君的人從這種體位開始做，應該能讓攻君順利進入吧。

♥以按摩來使幸福感加倍♥

建議在性愛前與性愛後，緩緩撫摸對方的背部。沿著對方脊椎，仔細、輕柔地摩娑頸部與肩膀僵硬的肌肉，光是這麼做，就會覺得很舒服。之後面對面地相擁，也是很好的方法。

與視覺、聽覺不同，觸覺是遍及全身的。幾乎全身上下都有觸覺接受器【※2】，不論身體表面或內側都有分布。觸覺接受器可以接收壓力、痛覺、冷熱、動作、空間位置等等的資訊。而且觸覺還是讓我們感受到幸福的重要知覺。

如果沒有人撫摸，嬰兒就難以生存。「羅馬尼亞孤兒事件」與其後續研究已經證明，沒有接受撫摸與擁抱的嬰兒，日後會有嚴重的發展障礙與壓力問題。相反的，經常撫摸、特別是按摩的話，不但能降低壓力激素的分泌，而且還能促進「強化伴侶忠貞」、刺激母愛的催產素【※3】分泌。這種激素能增加平靜感，降低血壓與心跳速度。按摩的效果不但能放鬆身心，還能減輕患部的疼痛，改善氣喘患者的肺臟機能。因此情侶在濃情蜜意時，請務必附加按摩哦！

大島薰's TALK

於結合狀態下接吻可以消除肛交時的疼痛！

男男第一次肛交時，就算很小心地做，還是會很痛。因為0號太痛了，只好中斷……這樣的例子應該很多吧。這種時候很容易忘記做的事，就是「接吻」。接吻的鎮痛效果有嗎啡的6・5倍之高。當兩個人結合時，要積極地活用接吻這個動作哦。

【※2】觸覺接受器
也稱為觸覺受器。能夠接受肌體內外環境與觸覺有關的刺激，將其轉變為信息，以產生感覺的裝置。

【※3】催產素
具有減輕壓力及緩解疼痛、帶來安全感等功效，因此也被稱為「愛情激素」、「幸福激素」。除此之外還有在分娩時促進子宮收縮以及刺激乳頭分泌母乳的功能。男性體內也同樣存在著催產素。

男男性愛時的體位

插圖／秋吉しま

在這裡介紹最普遍的 6 種體位。「對男同志來說正常體位不好做」、「看不到彼此臉的背面坐位的真正樂趣所在」等等，知道的愈多，愈能把 BL 描寫的更深入寫實……也說不定哦 !?

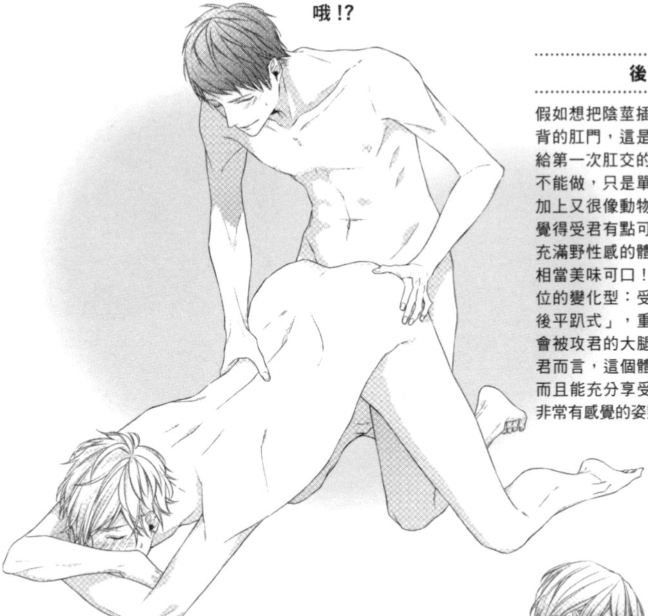

後背體位

假如想把陰莖插入位在胯部，靠近後背的肛門，這是最輕鬆的體位。推薦給第一次肛交的人使用。受君什麼都不能做，只是單方面地承受衝撞，再加上又很像動物交配的姿勢，會讓人覺得受君有點可憐；但是另一方面，充滿野性感的體位與攻君的征服欲又相當美味可口！如果採用的是後背體位的變化型：受君平趴在床上的「背後平趴式」，重點則在於受君的雙腿會被攻君的大腿夾在內側。據說對攻君而言，這個體位不但能夾得很緊，而且能充分享受受君的臀部觸感，是非常有感覺的姿勢。

騎乘體位

攻君躺在床上，受君跨坐在攻君身上的姿勢。使用這個體位時，受君可以自由決定陰莖的插入時機，以及要往上下或前後哪個方向擺動，可說是由受君主導的體位。騎乘體位還可以分為面對面的「對面騎乘位」以及受君背對攻君的「背面騎乘位」。使用騎乘體位時，受君正座容易擺動腰部；受君蹲坐，則能讓攻君清楚看見結合的部位。受君把雙手向後撐，插入的深度會變淺，攻君不但能清楚看見結合部位，也容易撫摸肛門。

男男性愛時的體位

正常體位

只有人類會使用的性愛體位，是男女性愛時普遍使用的體位，而且雙方陰部可以結合得很緊密。但是男男性愛時難度反而會變得很高。由於插入的部位是肛門，因此受君必須把腰抬得很高，並且把雙腿張開到極限才行。但是因為這個體位能看見對方的臉，而且眼神、舌頭、手臂、手指都可以交纏在一起。不是單純的插入，是有相愛感覺的體位。所以難度雖高，還是有許多人會勉力使用這個體位。

背面座位

攻君坐在床上，受君背對攻君跨坐的體位。插入的時機與擺動方向等等，幾乎是由受君掌握。攻君可以從後方愛撫受君的乳頭或陰莖，也可以擺動腰部，但是擺動的範圍相當有限。這個體位的真正樂趣是在鏡子前使用。受君透過鏡子見到自己勃起的陰莖、結合部位，以及發情的自己而感到羞恥，攻君則透過鏡子欣賞受君的反應。考不考慮在這時說一些使對方更覺得羞恥的話來助興呢？

對面坐位

對男同志而言似乎是「相親相愛的象徵」體位。不但可以面對面地緊緊擁抱在一起，而且還能接吻、互相愛撫對方的頸部與乳頭，重點是受君可以積極地表現自己的愛意！是最適合描寫攻受雙方對等關係的體位。不過男男使用這個體位時，會比男女性愛更難插入，想順利進行的話，最好先以正常體位插入，再改成這個姿勢。

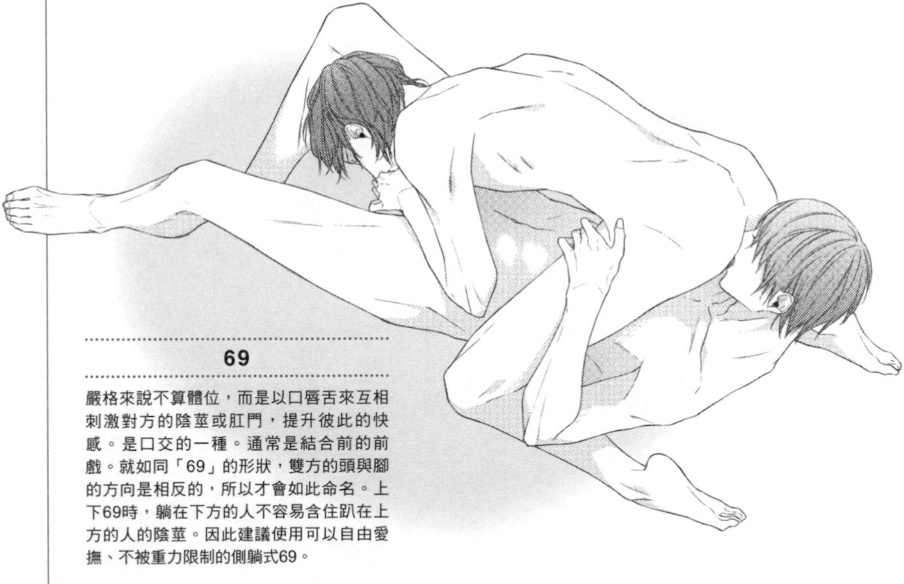

69

嚴格來說不算體位，而是以口唇舌來互相刺激對方的陰莖或肛門，提升彼此的快感。是口交的一種。通常是結合前的前戲。就如同「69」的形狀，雙方的頭與腳的方向是相反的，所以才會如此命名。上下69時，躺在下方的人不容易含住趴在上方的人的陰莖。因此建議使用可以自由愛撫、不被重力限制的側躺式69。

「勃起」究竟是什麼現象？

請想像一下海綿的模樣。可以的話，請想像義大利產、質地柔細的天然海綿。陰莖內部就是這個模樣。

關於陰莖的構造，除了平時用來排尿、射精時噴出精液用的尿道之外，還有陰莖背動脈、海綿體動脈、尿道動脈、淺背靜脈、深背靜脈、海綿體靜脈、尿道靜脈等等的血管。包裹在尿道周圍的是尿道海綿體，尿道海綿體到陰莖前端時會變得粗大，成為龜頭。龜頭的皮膚比其他部位薄，對摩擦尤其敏感，並且會直接把摩擦的感覺傳達給海綿體。除了尿道海綿體之外，還有彷彿壓迫在尿道海綿體上方，由白膜區隔為左右兩道的陰莖海綿體，中心部位各有一條海綿體動脈通過。既然稱為「海綿體」，其形狀與機制自然也與海綿相似。海綿體的洞穴部分有許多微血管網，而且周圍還有肌肉包覆。

摩擦或舔吮陰莖之類的直接刺激自然不用說，光是想像色色的事情，從脊椎的薦骨附近連結到海綿體的副交感神經就會因此活化，使肌肉與動脈壁鬆弛，由於血管變得柔軟且有彈性，大量血液會一口氣流入海綿體內。此時的血流速度高達平時的50倍！海綿體的血壓可達1000~1600mmHg！海綿體會如同海綿吸水般地充滿血液，使陰莖脹大挺立，這就是所謂的「勃起」。就日本人的陰莖來說，膨脹前後的陰莖尺寸大約差了3・5倍。

副交感神經還會使陰部神經興奮，使會陰部

（陰囊到肛門之間）【※1】的肌肉（會陰橫肌）收縮，壓迫陰莖根部的靜脈血管，使血液暫時無法流出海綿體，陰莖也會因此更加上翹，開始有節奏地射精。以水平面為0度來說，勃起的角度約在16～36度之間，平均為26度。也有人能勃起到45度。

假如在勃起狀態刺激會陰部，射精感（高潮感）會變得更強烈。這是因為會陰部與體內的會陰橫肌連動收縮，快感因此變得更強。

會陰橫肌收縮時，肛門外括約肌也會跟著一起收縮，BL作品中常見的關於「受君射精時，肛門會緊緊收縮」的描述，指的就是這個生理反應。

射精後，副交感神經會讓海綿體內的血液從靜脈流出，陰莖也會因此癱軟下來。

無關本人的意志，陰莖會不分場合地勃起。事實上，大半的年輕男性每天有合計3小時左右的勃起時間。不過大多是在睡眠時勃起，所以才會有在睡眠中勃起的「夜勃」與持續勃起到早上的「晨勃」。這兩種勃起是與性興奮或自我意識

【※1】連結性器官與肛門的神經都集中在此處。由於前列腺就位在會陰的內側，因此可以藉由會陰，從體外加以刺激前列腺。是男性的性感帶之一。

無關的生理現象【※2】。

雖然「夢遺」也是在睡眠中發生的，不過這是因為夢到與性有關的內容，在性興奮的情況之下勃起、射精的現象。但有時也會在夢境與性無關，或者完全沒有做夢的情況下夢遺。

關於勃起，李奧納多・達文西曾寫過如此帶著嘲諷感的句子：

「陰莖有時彷彿有自己的意志。就算主人加以刺激，也堅絕不回應主人的期望；而且還會無視主人的許可與想法隨性地勃起。不論主人是睡是醒，都會貫徹自己的意志，在男人睡著時清醒，在男人清醒時沉睡。就算男人希望它活動，它還是加以拒絕。但是它又會在男人不希望的時候活動起來。所以我不得不認為，陰莖具有自己的生命與意志，不屬於男人的一部分。」【※3】

就連號稱「全才」的達文西都無法控制陰莖的勃起。如果是雙方都很了解勃起是怎麼回事的兩名男性，說不定會因自身的勃起而發現自己的感情，或者被對方發現自己勃起而展開一段故事。究竟是純粹因性欲而勃起的呢，或是有感情成分在內呢……對此迷惘不已的劇情也很好看不是嗎？

【※2】
有些人認為「疲累勃起」，也算是晨勃、夜勃的一種。但也有人認為疲累勃起是因疲勞過度或壓力過高，導致血管收縮、血壓上升，造成腦部激昂，促使名為兒茶酚胺的神經傳遞物活性化而造成的結果。

【※3】出處
《Sex Sleep Eat Drink Dream: A Day in the Life of Your Body》Jennifer Ackerman著（Mariner Books出版）

大島薰's TALK

男性的勃起與視覺有直接的關聯！勃起毫無疑問是感到興奮的證據

男性的勃起與視覺刺激有直接的關聯。女性看到色色的圖片時，陰道不一定會溼潤，但假如男性因為看到一個畫面而勃起，絕對是因為對畫面感到性興奮的緣故。也就是說，假如一名男性因為見到另一名男性而勃起，不用懷疑，前者絕對是對後者產生性興奮了。

男性在運動後性欲會增加。研究證明，不運動的男性的性欲比有運動習慣的男性低落。而且男性在劇烈運動後或面臨生死危機時會散發費洛蒙，看起來會比平時更有魅力。提這些事究竟想表達什麼？也就是說，讓兩個剛練習完的運動社團男生獨處是很不妙的事。

我在按摩店工作時，學到了讓人勃起的訣竅。恥骨兩側有名為「橫骨穴」的穴道，可以促進男性荷爾蒙的分泌，強化勃起能力。幫朋友按摩時，我裝做若無其事地朝這個穴道按下去，對方馬上因為陰莖充滿活力而焦急起來。所以我很推薦按摩這個穴道。

肛交時，假如各位0號想讓1號更加舒服，可以一面肛交一面套弄自己的陰莖。骨盆底肌會因此緊繃，肛門也會因而收緊，讓1號有被肛門榨汁的感覺。當然，自己也會覺得更舒服哦。

【和伴侶一起做！防止早洩的練習法】

♥請搭檔幫自己套弄。
♥覺得快要高潮時，請通知搭檔。
♥搭檔按住龜頭下方部位3～5秒，阻止射精。
♥就算伴侶想射精了，搭檔也要堅持下去，連續阻止10次左右哦。

讓人極為在意的「前列腺」

前列腺又稱攝護腺，是男人才有的腺體。形狀、大小和栗子差不多（約3公分），成人前列腺的重量約15～17公克。前列腺位在膀胱下方，包圍在由膀胱延伸出去的尿道四周。前列腺與精囊同樣緊貼著直腸。隔著觸感像是包著保鮮膜的肉塊般的直腸壁，朝腹部方向按壓時，如果摸到一處硬度與彈性有如軟式網球般的部位，就是前列腺的所在之處。關於前列腺的功能，目前還有許多尚未解明的部分，是「未知的器官」。

前列腺會分泌前列腺液。精液的成分中，有30％是這種含有許多檸檬酸的前列腺液。精巢製造的精子與精囊分泌的精囊液來到前列腺，與前列腺液混合後，就是精液。射精時，前列腺會把精液送進尿道中。前列腺液中含有名為精胺的物質，是精液特殊氣味的來源，據說味道與栗子花很相似。順帶一提，男性常見的攝護腺肥大症，就是前列腺增生到超過5公分，引發排尿困難的疾病。

話說回來，刺激這個前列腺的部位「能讓男性得到如同女性陰道般的快感」，是大家都知道的事。男性有快感的部位包括射精管、前列腺尿道部分、精囊。這三個部位都緊鄰著前列腺，所以刺激前列腺時，能產生讓人不禁大叫的快感，甚至因此高潮。

據說女性在高潮時得到的快感比男性強烈好幾倍。而且女性能連續高潮，男性的高潮只有射精的那一瞬，射精完畢後，快感就會戛然而止。但是刺激前列腺，可以使男性在不射精的情況下得到高潮。這就是所謂的「前列腺高潮（乾高潮）」或「雌性高潮」。能像女性一樣連續不斷地得到快感。

刺激前列腺的「攝護腺按摩」，除了能請搭檔幫自己按摩之外，也能自己進行，例如使用前列腺按摩器（Enemagra）【※1】。名稱來自於美國泌尿科醫師開發的前列腺按摩道具，原本是用來治療攝護腺發炎或攝護腺肥大，讓患者不將手指放入直腸，也可以按摩前列腺。1999年起，日本也開始販賣這項產品。

「前列腺的英文是prostate。BL漫畫或小說中，不是常有攻君對受君的前列腺猛攻，讓受君高潮的劇情嗎？我覺得應該比照女性的性感帶的G點【※2】，把這個部位稱為『P點』才對。」這是本書的監修者mｉｉ醫師的發言。而且陰莖的英文是penis，所以男性的快感都是從「P」來的。男男性愛時「要針對P和P進攻！」我們要記好這點。

大島薰's TALK

前列腺突然被碰的話會很痛！必須配合呼吸，慢慢地開發

不論是自我探索或是幫人按摩，很多人都說找不到前列腺在哪裡。碰上這種情況時，先讓陰莖勃起就能輕鬆找到前列腺了。平時的前列腺部位除了觸感稍微不同之外，沒有什麼特徵；但是勃起後前列腺會鼓脹變硬，非常容易發現。

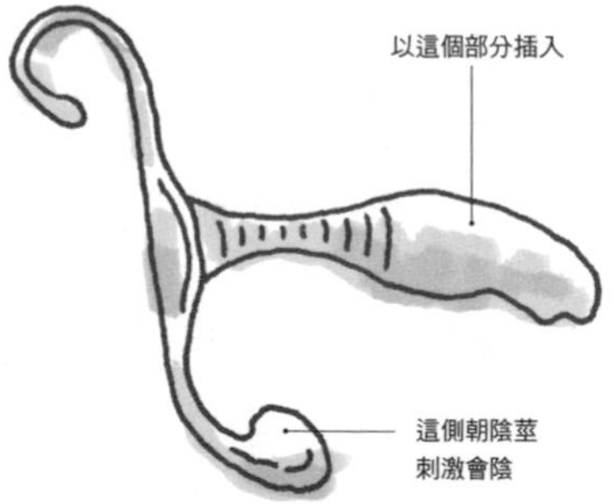

【※1】前列腺按摩器（上圖）
把潤滑劑或潤滑液倒在最長的部分，打橫插入肛門之中。藉著收緊、放鬆肛門來得到快感。

【※2】G點
全名為格雷芬貝格點（Gräfenberg spot）。德國的婦產科醫師Gräfenberg發現位於尿道海綿體的性感帶區域，可以引起強烈的性刺激和性高潮。該區域位在距離陰道口5～8公分深處的陰道前壁上方，也稱為「女性前列腺」。

按摩肛門，成功使其放鬆後，將手指深深插入腸道內，把手指的第二關節朝對方腹部方向勾起，假如指尖摸到某個觸感平滑，與其他的腸壁觸感不太一樣的部位，就是前列腺的所在之處。「前列腺很舒服對吧!?」如果因為這麼想而用力按壓，表示你是個外行人。前列腺突然被碰到時會很痛，所以必須先用指尖輕輕按壓，觀察0號的反應。一邊觸摸前列腺一邊親吻乳頭或陰莖吧，這時應該可以感受到手指傳來顫動。「前列腺痛起來和心絞痛一樣」，必須讓0號慢慢適應才行。

等肛門能放入兩根手指後，可以同時碰觸前列腺和龜頭。在龜頭上倒些潤滑液，一面揉搓龜頭，一面按壓前列腺。比較敏感的人這時候就會雌性高潮了。如果0號覺得癢，就調整一下手指的刺激力道。

很多人開發前列腺時，都會因為剛被碰時覺得很痛而中途放棄。因此在開發對方的前列腺時，要邊開發邊說「這邊很舒服對吧？」、「摸這邊的話就會變成女孩子哦」之類的話，告訴對方這個部位碰了會很舒服。

「雌性高潮」也可以用來消除壓力。前列腺按摩器附的英文說明書中提到，前列腺按摩除了能得到強烈的快感，還能「減輕壓力」。容易情緒低落或抱持著煩惱的男性，不妨試著暫時忘記煩惱，按摩前列腺自慰看看吧。

順帶一提，「前列腺摸起來硬硬的代表前列腺肥大」這句話本身沒錯，但如果處於勃起狀態，前列腺變硬是很正常的反應。假如想調查病變問題，必須在非勃起的狀態進行。BL作品常以「又硬又有彈性」來形容前列腺的觸感，因為那是在受君勃起的狀態碰觸的，所以沒有病變問題。

很多人以為後庭的性感帶只有前列腺而已，但其實還有其他約5個左右的性感帶。從肛門往內依序列舉就是：前列腺↓腸壁↓膀胱↓精囊↓乙狀結腸（有時還會包含尾椎）。由於長度能頂到精囊或乙狀結腸的陰莖不多，許多0號自從經歷過巨根的調教後，就再也忘不了那種快感了。

【男性後庭的快感差異】

肛門入口「嗯……哈啊……！嗯……」
前列腺「啊…♡　啊…♡　啊…♡」
雌性高潮「啊…♡　啊…♡　…嗯呃!!!」
幹射「啊啊啊啊啊啊啊啊啊——!!!」
乙狀結腸「啊—…啊—…啊—…」
連續雌性高潮「……」

前列腺附近的剖面圖

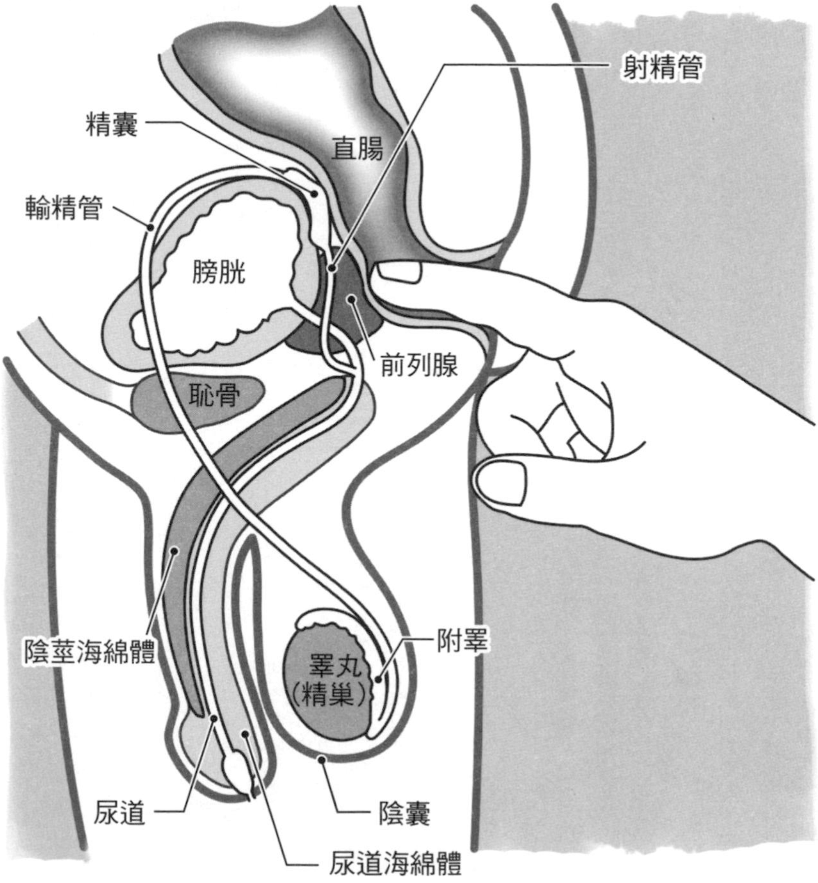

前列腺位在離肛門約5公分的位置，因此陰莖很容易「路過」前列腺，無法造成太大的刺激。但假如想以陰莖刺激位在比前列腺更深處的精囊（離肛門約8公分），讓受君被幹射的話，則必須有一定的長度才能做到。所以除了手指之外，如果也能以陰莖找出前列腺，就能讓親密度＋1！

以後庭高潮是怎麼回事？

高潮，也就是性高潮（性的高潮），法文寫成「la petite mort（欲仙欲死）」，是一種極為強烈的快感。大家都知道高潮是性行為的快感巔峰，但是，究竟是什麼機制造成高潮的？其實現在還無法完全理解。

神經學家David J. Linden強調「高潮出現於腦中，而不是陰部」【※1】。為什麼會這麼說呢？雖然達到高潮的最普遍、最確實的方法是刺激男性的陰莖或女性的陰蒂。但是有些人會因刺激口腔、乳頭、肛門、耳朵等非性器官的部位而得到高潮。不只如此，有些人甚至不需要碰觸身體，光憑著想像就能得到高潮。只要想想睡眠時夢遺的例子，就覺得這種說法有其合理性。

就生理學的角度來說，不論男性或女性，高潮都是極為單純的現象。血壓上升、心跳加快，直腸等部位的肌肉收縮，產生強烈快感。尿道壁的肌肉與球海綿體肌【※2】、坐骨海綿體肌【※3】這兩道肌肉收縮時，男性會射精，女性有時會潮吹。高潮的平均時間，男性約15秒，女性約24秒。許多女性有連續高潮的經驗，但是男性多半只會射精一次，多次高潮的人相當稀少。

回到本書的主題，男男性愛時的高潮有兩種：一般的高潮與前列腺高潮（乾高潮）。一般的高潮會伴隨射精，但前列腺高潮不會。

讓我們看看直到射精為止的身體機制吧。針對龜頭或前列腺這些敏感的部位，連續刺激到某個程度以上，大腦會將這種快感傳達給下視丘

【※1】出處
《The Compass of Pleasure》David J. Linden著（Penguin Group USA出版）

【※2】球海綿體肌
構成會陰部的肌肉之一。過去曾被認為男女擁有的是不同的兩種肌肉，男性的稱為排尿促進肌，女性的稱為陰道括約肌。為隨意肌，可以藉著肌肉收縮來將尿道或陰道內的東西斷續排出。與男性射精時尿道的收縮，女性高潮時陰道的收縮有關。

【※3】坐骨海綿體肌
構成會陰部的肌肉之一。在過去，男性的坐

【※4】。接著，下半身的副交感神經會做出反應，讓血液集中到陰莖的海綿體中開始勃起。之後，膀胱出口的肌肉會開始收縮，阻擋尿液流出，使尿道成為只有精液能通過的狀態。接下來，精子會從輸精管移動到前列腺，與前列腺分泌的液體混合在一起，成為精液。到此為止，需要數秒~數十秒的時間。等前列腺充滿精液後，尿道外括約肌【※5】就會放鬆，與會陰附近的肌肉一齊作用，產生射精的現象。

幾乎所有的男性在射精後的10分鐘內（久一點甚至會長達1小時）都會陷入一種無力、想睡的狀態，也就是所謂的「聖人模式」【※6】。當然也是有精力旺盛，在射精後能繼續第2、第3回合的超級攻君（或受君），不過射精後兩人暫時休息一下，說些床邊情話，可能會更有真實感吧。

除此之外，男男肛交時還有一種獨特的高潮方式，就是所謂的「幹射」。以手指或陰莖刺激比前列腺更深處的精囊，就算攻君和受君都沒有碰到受君的陰莖，受君還是有可能因此射精。

另一方面，前列腺高潮是無關射精的高潮，因此可以像女性一樣享受好幾次的高潮。前列腺相當於女性的G點，乙狀結腸則相當於子宮頸陰道部【※7】。乙狀結腸離肛門約15公分，是直腸與結腸的交界，除非陰莖夠長，否則無法頂到這個部位，而且未經開發的話，就算被頂到也只會感到劇痛而已。但是如果能在這個部位得到高潮，據說眼前會出現整片白光，「是超越最高潮的高潮」。由於乙狀結腸的部位沒有感受痛覺之類的神經，因此也有人說，是不是因為刺激到鄰近的精囊才得到快感。

骨海綿體肌稱為陰莖勃起肌，女性的稱為陰蒂勃起肌。可以從陰莖腳（陰莖根部）與陰蒂腳（陰蒂的根部）外壓迫靜脈，使海綿體的回流血量變小，維持勃起狀態。

【※4】下視丘
位於間腦下方，是調節自律機能的中樞。掌控交感神經、副交感神經以及內分泌系統。

【※5】尿道外括約肌
負責排尿時膀胱的收縮與放鬆，尿道括約肌分為尿道外括約肌（橫紋肌）與尿道內括約肌（平滑肌）。尿道內括約肌位在膀胱與前列腺的交界處，平時處於緊鎖的狀態，防止尿液漏出。膀胱累積一定尿液後，副交感神經會把信息傳遞到大腦，大腦便會引發尿意。尿道外括約肌位在前列腺下方，可以隨自我意志收縮或放鬆。

隔著前列腺刺激精囊，就算不去碰受君的陰莖，受君有時也會因此射精。這種情況稱為「幹射」。

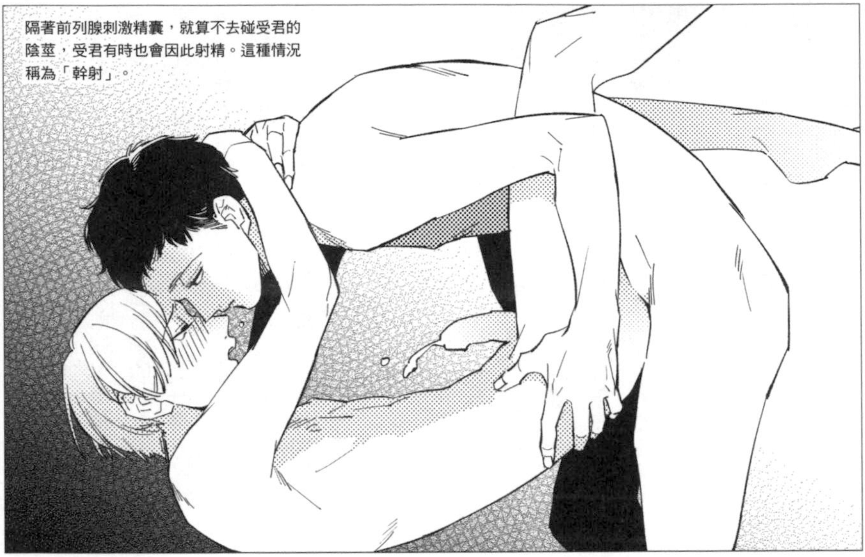

大島薰's TALK

雌性高潮時 如果高潮到神經陷入錯亂的話 就會喜歡上對方！

男性的雌性高潮大致上可以分為兩種階段。

第一階段：身體從放鬆的狀態一口氣地緊繃，身體或是前屈，或是後仰。在交感神經的作用下，雖然不熱，還是會冒汗。

第二階段：在脫力的情況下高潮，釋放大量腦內嗎啡，眼睛和嘴巴都無法閉合，失去人類的理性，只能在快感的海洋中隨波漂蕩。

為什麼雌性高潮時0號會呻吟呢？雌性高潮是在不射精的情況下得到高潮，與女性高潮的感覺非常相似。處於這種高潮狀態時，海馬迴與大腦皮質等等，幾乎整個腦部都在活動，比平常更需要氧氣。就結果而言，因為缺氧所以臉泛潮紅，因為需要氧氣所以喘氣呻吟。

BL漫畫中經常出現受君在高潮時嘴角流出口水的畫面。當肛門接受到快感後，全身力量會放鬆下來。興奮時唾液的分泌量會增加，放鬆後嘴巴就合不起來容易流出口水。也就是說，以那種方式表現受君的興奮與快感，

【※6】聖人模式
↓參考第58頁。

【※7】子宮頸陰道部
接近子宮頸口，手指勉強可以碰到的部位，與G點同為性感帶。不過和乙狀結腸一樣，必須經過開發才能得到高潮。

是正確的畫法。

雌性高潮是副交感神經與交感神經複雜交錯下產生的現象，所以高潮時，自律神經會暫時陷入錯亂狀態。平常完全不會哭的人，也可能會在高潮中因難受而哭不停。假如想弄哭平時很強勢的對象，可以試試雌性高潮。

此外，雌性高潮時0號的嘴巴會很寂寞。高潮時會感到強烈不安，如果嘴唇沒有碰觸什麼東西就會覺得無助。假如0號一直索吻，「太舒服了所以變得很不安」，請1號要這麼想哦。

只要刺激位在肛門內淺處的前列腺，就能造成雌性高潮，就算1號的陰莖不特別長或特別粗也能做到。但假如想幹射（肛交中不刺激0號陰莖的情況下使0號射精），就必須深入內側，所以1號的陰莖愈長愈有利。

其實就算只刺激龜頭，也能造成雌性高潮。男性生殖器中能得到快感的神經，大約有80％集中在龜頭的冠狀溝部位。由於男性生殖器需要某種程度的壓迫才有辦法射精，所以不握住陰莖整體，只刺激龜頭部分的話，肛門就會顫抖不已，並開始雌性高潮，請一定要試試看。

除了龜頭，還有一個部位能造成雌性高潮。在不碰觸肛門與龜頭的情況下，可以利用會陰（睪丸與肛門之間的部位）來得到雌性高潮。以手指用力按壓這個部位，就能從體外刺激前列腺。這種方法不需要伸入肛門中，可以利用電動按摩棒抵在會陰之處，或是跨坐在單槓上摩蹭來得到快感。

順帶一提，男性會喜歡上讓自己雌性高潮的人。雌性高潮不需要射精，能連續高潮。連續高潮好幾次後，會分泌一種戀愛時分泌的荷爾蒙。說得極端一點，就算是平時非常厭惡的對象，只要分泌出那種荷爾蒙，就會誤以為自己喜歡上對方了。因此雌性高潮可說是天然的春藥呢。

被內射後會腹痛？

所謂的精液，是藉著射精的動作，從陰莖排出的液體。精液由精巢製造的精子與精囊、前列腺等製作的精漿【※1】組成。精液中約有7成是精囊液，3成是前列腺液，精子只占了1％而已。前列腺液多的精液較清爽，精囊液多的精液較黏稠。

男性荷爾蒙之一的睪酮能壯大肌肉、強化骨骼，使男性「有男子氣概」。睪酮在深夜分泌得少，早晨時分泌量開始增加，在早上8點左右到達巔峰。受到睪酮的影響，精子的產量會在下午達到巔峰，因此比起早上下午會射出更多的精子。假如男性們想來場濃烈的性愛，在下午做愛也許是最好的。順帶一提，戀愛中的男性睪酮分泌量會降低，陽剛特質會減少，攻擊性也會因此降低。或許可以說會變得比較像女性【※2】。

即使還沒射精，陰莖也會分泌一種透明的汁液。這種液體叫考珀液，也叫尿道球腺液，是由尿道球腺【※3】製造的。考珀液無臭且透明，具有黏性，呈弱鹼性。酸性環境對精子有害，考珀液能中和男性尿道與女性陰道的弱酸性環境，保持鹼性以提高精子的存活率。除此之外，性交時考珀液還有減少陰莖摩擦的潤滑作用。考珀液的分泌量因人而異，會與性興奮的程度以及性愛時間成正比。基本上一次會分泌足以潤滑整條陰莖的分量，也就是1毫升左右。

肛交時射精在直腸內的行為稱為肛內射精（俗稱「內射」或「中出」）。

喜歡BL作品的人，說不定看過「受君被內

【※1】精漿 精液中除了精子之外的成分。由前列腺液、精囊液、尿道球腺液組成。

【※2】 戀愛中的男性會減少睪酮的分泌量，攻擊性也會降低；相反的，戀愛中的女性睪酮的分泌量會增加，性欲也會因此高漲。

【※3】尿道球腺 又稱考珀腺。位於尿道海綿體的根部與前列腺之間的一對腺體，為直徑約1公分的球狀腺體。有長約3公分的導管，能將分泌物送進尿道。

射後肚子痛」的情節。而事實上，精液射在直腸裡確實會造成腹痛，甚至腹瀉的情況。

其中一個原因是精液中含有名為前列腺素的成分。前列腺素能促進子宮收縮，幫助精子快速通過子宮宮腔抵達輸卵管入口。而這個讓肌肉收縮的作用同樣會引起直腸肌肉的強烈收縮，引發腹瀉。

人體有許多組織或器官中都會分泌前列腺素。例如女性在生理期前，增厚的子宮內膜會產生前列腺素，促進子宮收縮，將子宮內膜連同血液排出體外。此時如果前列腺素分泌過多，就會導致生理痛或腹瀉。內射後肚子會痛也是同樣的道理。也就是說，是與生理痛相近的疼痛。刺激物質應該盡早排出，所以內射後，攻君要快點幫受君把精液挖出來哦。

大島薰's TALK

想讓肛門內充滿精液的話必須內射30次!?

精液是天然的春藥。精液中的皮質醇可以增加感情，雌激素、催產素能使情緒高昂，血清素有抗憂鬱的效果。也就是說，內射次數愈多，精液的各種功效就會愈明顯，大腦沐浴在精液中，使全身出現快感。

順帶一提，BL作品中經常看到有受君被複數人輪流侵犯，最後從肛門流出大量精液的場面。用來肛交的直腸，容量約150～200毫升，而男性一次射精的平均精液量為2～5毫升。假如想讓精液從肛門滿溢出來，必須至少內射30次才行。也不算不可能吧……。

再順帶一提，0號在射精後繼續肛交，只會覺得痛苦而已。直到射精為止，腦下垂體會分泌腦內嗎啡，因此0號不會覺得疼痛；但是射精後，痛感會一口氣傳遍全身。可是考慮到還在抽插的1號還沒有射、或是想在0號體內達到高潮，大部分的0號還是會忍耐到對方射精為止。1號要多多理解這些0號的心情哦！

男男性愛中有哪些不能做的事？

前面已經針對男性的身體構造與肛交方法做了許多說明，但是為了安全性行為，本書還是想推廣一些男男性愛時的基礎知識。為了保護雙方的身體，不能做以下列出的事。不論是攻君還是受君，都要好好意識到這點，享受安全並充滿愛的性愛哦。

×插入異物PLAY×

就算在幻想的世界裡沒問題，有很多事是不能在現實中做的。作為性愛遊戲或開發肛門的一環，在肛門放入各種異物，就是不能做的事之一。例如攻君把冷凍過的葡萄塞入受君的肛門中……。

直腸與大腸、小腸相連，雖然能塞入不少物品，但是塞得太深的話，有可能拿不出來。

專門用來擴張肛門的道具，基於安全考量，尾端一定附有拉環或繩鍊。但假如塞進去的不是專用道具，例如原子筆、乾電池、蔬菜水果、飲料瓶、雞蛋等等……沒玩好的話，可能會卡在肛門裡必須送醫急救。

現實中真的有因為拿不出網球最後只好開刀的例子。也有在塞著紅蘿蔔、各種玩具的情況下衝去醫院求救的人。各種驚悚故事不勝枚舉。

假如沒去求醫，有些人運氣好，日後排便時會把異物一起排出；但是一直排不出來的話，時間久了會造成腹痛，還是得送醫急救。而且這樣的人還不少。

絕大部分的異物都是卡在肛門的入口附近，處理的方法是在肛門塗抹凝膠狀的局部麻醉藥，撐開肛門，取出異物。

假如這麼做也拿不出來，就必須施以半身麻醉，讓腰部以下失去知覺。趁著肛門括約肌因此放鬆時，把異物拿出來。

如果連半身麻醉都行不通，最後的方法就只能全身麻醉，做開腹手術了。劃開腸子取出異物，並且要裝好一陣子的人工肛門。算是工程浩大的手術。

也有其他更可怕的例子，比如塞進肛門中的燈泡破裂，刺穿直腸。

雖然直腸中充滿各種細菌，但腹腔基本上是處於無菌狀態的。假如直腸出現破洞，各種細菌會汙染腹腔，造成腹腔發炎感染，也就是「腹膜炎」，事態嚴重甚至可能危及生命。

總而言之，亂塞異物有可能受傷或造成感染，假如不想因此送醫，在人生中留下黑歷史，就絕對不要這麼做。

假如真的太好奇了，塞了異物卻拿不出來，則必須保持冷靜，不能過於緊張。括約肌原本就會收緊，「怎麼辦？拿不出來了！」緊張起來只會讓肌肉用力、收得更緊，更加拿不出來。所以要先讓自己冷靜下來，不要勉強取出並迅速就醫。

×把酒類灌入肛門×

雖然不是插入異物，但是也不能讓下面的嘴巴（肛門）喝酒。

直腸是消化管，比起經口飲用，吸收力更快更強，體內的酒精濃度可能因此急遽上升，造成急性酒精中毒。就算不到中毒的程度，也會陷入爛醉狀態，必須送到醫院打點滴，降低體內酒精濃度才行。基於小小的好奇心，最後說不定鬧到要住院!?「因為我讓下面的嘴巴喝酒了……」請別讓自己在現實生活中說出這種臺詞（？）哦。

×不戴套內射×

肛門是很容易受傷的纖細器官，這是不需多做解釋的常識。所以肛交前必須仔細擴張，使用潤滑劑也是很基本的做法。

女性的陰道在性愛時會分泌潤滑液，有滋潤的作用，可以保護體內組織不因性交受傷。但是直腸不會分泌潤滑液，因此非常容易受傷也容易出血。

此外，直腸也很容易感染各種細菌、某些肝炎病毒、以HIV【※1】為首的各種性病病毒等，所以做愛時一定要戴上保險套！

BL作品中常有「乾柴烈火之下不戴套就做了，而且最後還射在裡面　」的劇情，但是在現實中這是非常危險的行為。

假如陰莖在插入之前接受口交，唾液可能因此進入肛門而得到性病。

還有，「反正男人不會懷孕，就不用戴套了！」是大錯特錯的想法。不論受君或攻君，為了保護兩人的身體，一定要注意衛生，確實地戴上保險套，進行安全性行為。

順帶一提，油性潤滑液有可能會溶化保險套，使用時要注意這點。

×緊縛陰莖×

說到不可以做的事，緊縛陰莖也是其中之一。BL作品中常有攻君以繩線、緞帶、電線等等綁住受君陰莖根部不讓他射的場面，但其實玩過頭的話可是會發生慘劇的。

如前面單元中解說的，陰莖之所以能夠勃起，是包裹著陰莖的海綿體充血的緣故。陰莖會如海綿吸水般集中大量血液，變得堅硬挺直。假如陰莖在勃起狀態長時間遭到綑綁，血液將無法回流，可能會造成瘀血。

射精後，陰莖的硬度會變低。假如陰莖被綁

【※1】HIV
人類免疫缺乏病毒。是造成後天免疫缺乏症候群（AIDS）的原因。根據統計，因同性性交而感染HIV的比率，0號比1號高出7倍。

住，血液無法回流，就能一直維持在勃起的狀態＝射不出來。

像這種藉著綑綁陰莖根部以維持勃起狀態的行為，就算不是同志，也有不少男性會這麼做。「因為不想做愛到一半軟掉」。

緊縛陰莖根部的時間一長，陰莖就會開始發黑。如果有以橡皮筋綁住手指的經驗就知道，綁久了指尖會慢慢變成紅黑色。綁住陰莖也是同樣的狀況。

就陰莖來說，緊縛30分鐘的話，皮膚就無法變回原本的顏色，而且重覆做這種事，被綁的組織部位會開始壞死，說不定整隻陰莖都會成為無用之物。

還有，前面說過「海綿體像吸了水的海綿」，因此，如果出現皮肉傷，血液就會不斷大量流出。

不小心在勃起時受傷的話，充滿愛的場面會立刻變成充滿鮮血的慘劇。

所以要溫柔小心地對待陰莖才行。

克服潔癖與滿滿的情色感

《10 COUNT》

寶井理人

新書館
（Dear+ Comics）
既刊4本　2013年～2016年7月

對於有潔癖的城谷來說，直接被他人碰觸肌膚是痛苦到難以想像的事……他原本如此以為，沒想到卻在被撫摸時得到驚人的快感。把這種感覺扎扎實實地表現出來的一幕。使讀者產生「看到了最禁忌的場面」的感覺。

社長祕書城谷有嚴重的潔癖，他總是戴著白手套，盡可能地與他人保持距離。城谷偶然遇見了年紀比自己小的心理諮詢師黑瀨，並接受黑瀨一對一心理輔導的提議，與黑瀨一起面對「克服潔癖的十個課題」……。

本書的精彩之處在於兩人拉近距離後蘊釀出來的情色感。寶井老師充滿時尚感的畫風與潔癖的設定相當搭配，乍看之下會以為是個純愛的故事，但翻開書一看，兩人從指尖到視線的流動，無處不飄散著因禁欲而產生的情色感。

萌到讓人想大叫的部分是：潔癖到連別人掉下去的東西都不敢摸的城谷，卻讓黑瀨觸摸從來不曾讓人看過的胸膛。儘管兩人還沒發展成把那個插進那個裡去的關係，但光憑「城谷被黑瀨撫摸的部位，彷服被黑瀨的指尖侵蝕」的描寫，就能讓興奮感達到最高點。

比起床戲場面的激烈程度，BL作品中的情色感，反而是因兩人間的關係變化而產生的。是會讓人有這種感想的作品。

（平松梨沙）

性愛場面極有魅力的BL

《戀愛中的諜報機關》

丹下 道

幻冬舍Comics
（LYNX）
既刊3本　2014年～2016年7月

以美人計來進行諜報活動。中央行政單位搞這種業務本身就已經很爆笑了。淋漓盡致的床戲不用說，服飾與室內設計的時尚感，還有對白的韻味都是一流的。書衣底下的書本封面有志山爸爸的小短篇，一定要看。

有型又很有品味的畫風，精明幹練的對白，極為放得開又不至於低級的床戲——想看這種BL的話，請務必看看丹下道的《戀愛中的諜報機關》。書中角色們全是N國K關的美貌精英官員，以喜劇方式表現出每對情侶的工作&戀愛情況，是官員BL的傑作。

最值得一提的當然是性愛場面。從受君身上噴發的（各種）水分宛如充沛的果汁，有絕妙的液體感。不只水分多，文字也很多，格子裡充滿喘氣聲，幾乎沒有空白之處。再加上床戲中處處可見作者對前列腺的執著。就本書的主旨而言，請一定要看看有如以內視鏡窺視般，而且是以3D的方式描繪的受君的那裡。

本書每章的主要配對都不相同，不過這邊要推薦的是財務省的土門統英×志山圓＋溺愛兒子的志山爸爸。身居次官（次長）這種高級官員卻一直說「小圓好可愛唷♥」，而且還想和圓一起洗澡的傻爸爸模樣，非常療癒哦。

本作連載於雜誌《LYNX》（2016年7月），請務必一看！

（上田神樂）

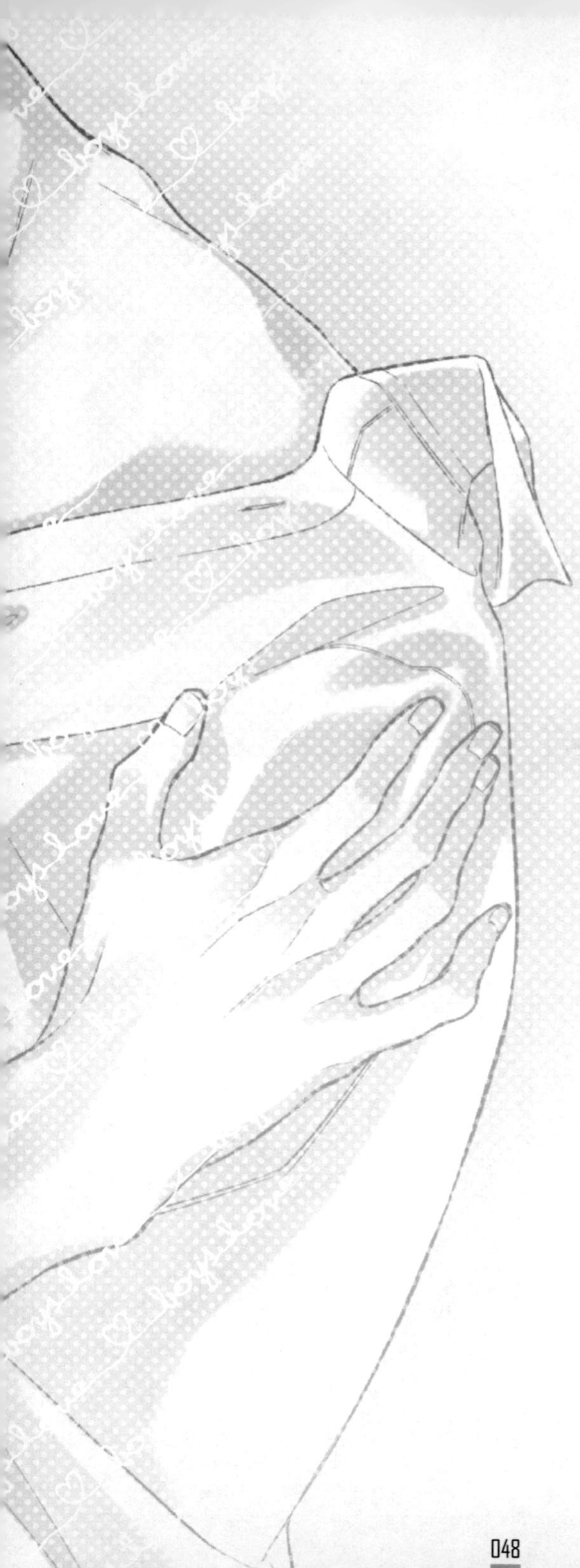

Chapter2
關於男人身體的
進階知識

男性的乳頭有感覺嗎？

BL作品中常常可以看到攻君舔或捏受君的乳頭，使受君喘息不已的場面。仔細想想，男性的乳頭到底有什麼意義呢？位在男性象徵的厚實胸膛上的兩顆小突起，看起來實在很渺小。

與女性的乳頭相比，男性乳頭的存在感極為薄弱。不過只要想到許多BL作家與讀者都如此重視「玩弄乳頭」，就又會覺得這是個不能拋棄的部位。

最讓人在意的就是「男人的乳頭被舔被捏，真的會有感覺嗎？」這個疑問。在這裡可以直截了當地說「會有感覺」。

乳頭原本就是神經聚集的部位，很容易感到舒服。但前提是「要經過開發才會有快感」。

男性的乳頭在性愛時很少有機會被捏被舔，就性感帶而言敏感度不高。想把它開發成可以得到快感的部位，就必須從平時加以撫摸、舔吮、揉捏，經常給予刺激才行。

由伴侶來愛撫當然是最好的，但是要注意不能搓得太粗魯，讓乳頭受傷。乳頭的皮膚很薄，搓揉過頭的話別說快感了，只會覺得很痛而已。

假如開發得很順利，陰莖與乳頭可以同時得到快感，愉悅的程度肯定會加倍。

除此之外，熱愛BL作品的腐女還有個問題。「男人的乳頭真的會分泌乳汁嗎？」對於這個問題，也可以直接地說「會」。男性的乳頭也有乳腺，就醫學的角度而言，分泌乳汁並非不可能的事。

雖然如此，分泌的不是「母乳」，而是「乳汁」。而且不是加以刺激就能分泌的液體。男性泌乳的主要原因是「生病」，或者是服用了以抗抑鬱藥為代表的藥物後造成的「藥物副作用」。例如腦下垂體的荷爾蒙異常分泌，或是腦下垂體長了會使泌乳激素增加的泌乳素瘤，因而得到乳溢症。

當然，就算男性真的泌乳了，也不會像生完小孩的母親那樣大量流出，頂多只會滲出一點點而已。

BL作品中受君大量流出的乳汁是攻君與受君激昂的愛情引發的奇跡現象。是尊貴崇高的愛，才能讓受君分泌乳汁的。

大島薰's TALK

泡芙奶頭是雌性化的象徵!?

有一種說法表示「男人的乳頭還在進化中」。男性無法哺乳，卻有乳頭的原因，據說是「為了在特殊情況下代替女性哺乳，所以必要的話可以像女性一樣鼓漲起來」。的確，就算是男性，一直玩弄乳頭的話，胸部確實可能鼓漲起來，分泌乳汁。乳頭經過開發的雌性男子，就某種意義而言，說不定是人類的進化形態吧。

女性的乳暈上有不少粒狀的小突起，稱為蒙哥馬利腺，會發散費洛蒙，讓小嬰兒循著氣味找到乳頭吮吸母乳，或是吸引男性，是很有用處的腺體。問題在於男性的乳暈上也有蒙哥馬利腺。為什麼男性也有蒙哥馬利腺呢？這不是吸引嬰兒或男性的腺體嗎？真是不可思議呢。

而且，為什麼BL作品中的受君乳頭會淫蕩地鼓脹起來呢？這種膨脹的乳暈俗稱「泡芙奶頭（puffy nipple）」，常見於青春期女性荷爾蒙分泌旺盛的女孩身上，不過也有少數男孩會有這種現象。原因果然還是出在女性荷爾蒙上。泡芙奶頭可說是雌性化的象徵呢！

前戲時建議愛撫的敏感部位

男性的全身上下，有哪些特別敏感的部位呢？說得明白點就是「性感帶」，指的是施予物理性的刺激後，能夠得到性快感的部位。

物理性的刺激，也就是「碰觸」。與其他感覺不同，感受碰觸的「觸覺」分布全身上下，而且不論體內或身體表面都有。人體是以位於皮膚下方的觸覺接受器來感受觸覺。

雖然有性別及個人的程度之差，不過觸覺接受器密集的部位，一般稱為性感帶。特別是黏膜與外界交集的部位，以及靜脈靠近皮膚表面的部位，通常都是性感帶。

具體來說就是嘴唇、舌頭、指尖、乳頭、陰莖。嘴唇與口腔甚至被稱為「第二個性器官」，是直接連結快感的部位。口腔黏膜分布著號稱快感神經的A10神經與知覺神經，而且許多血管密集，所以非常敏感。

嘴唇的邊緣、上齒後方的硬顎、舌頭下方等等，這些部位都出乎意料地敏感。

因此「光是接吻就勃起了」的現象，其實是非常自然的反應。

舌頭雖然柔軟又靈活，但是用力起來也會變硬，在深吻時能使位在下視丘的性欲中樞活性化，提高性興奮的程度。性興奮能使大腦分泌多巴胺【※1】，也就能夠得到強烈的快感。

此外，耳朵也是很重要的性感帶之一。舔耳穴、輕咬耳垂、對耳朵吹氣，所有的動作都能帶來快感。

肢體的末梢是神經的集中處，因此相當敏

【※1】多巴胺
司掌愉悅、興奮、運動機能、學習能力、記憶力、集中力的神經傳導物質。

感。光是吸、舔腳趾或手指，受君就會因快感而沉淪了。

除此之外像側腰、大腿內側、頸部也都是容易有感覺的部位。愛撫的訣竅是輕柔地舔舐、以指腹輕輕地畫圓。

還有，不能忘記前列腺與陰莖。第一次刺激前列腺時，有很多人會覺得「感覺很噁心」，或覺得有排泄感，但是習慣了之後反而會轉變成能得到前所未有快感的部位。前列腺高潮（也就是俗稱的「雌性高潮」）與女性陰道高潮的程度相當，而且有些男性甚至能反覆高潮好幾次。

最近在ＢＬ作品中，寫實地描繪出刺激前列腺的作品有增加的趨勢。

陰莖上特別敏感的部位是龜頭。龜頭上有許多名為生殖神經小體的觸覺接受器，只要輕輕碰觸就會產生極大的快感。畢竟人體布滿了光是輕輕撫摸就會有反應的觸覺接受器系統，假如加以刺激，與性興奮或處理情緒有關的腦部部位就會因此活性化。人體實在很奧妙呢。

尿道擴張很舒服嗎？

就算是BL作品中，也有攻君把棉花棒之類的物品插入受君的尿道裡，「別、別這樣……」受君雖然這麼說，但卻臉泛潮紅，貌似痛得很愉悅的場面。這種「尿道擴張」真的會舒服嗎？

首先要說明，男性的尿道，指的是從膀胱到陰莖最前端的尿道口這段長約20公分的器官。

據說把異物插進尿道裡會產生劇痛，但是尿道也和肛門一樣，只要經過開發，就能得到難以言喻的快感。

搜尋網路商店，可以找到各種專門用來擴張或開發尿道的道具。也許有些人曾在BL作品中看過這些道具。常見的有治療尿道結石用的「尿道（金屬）探條」、類似肛塞的「尿道堵」、「尿道拉珠」，除此之外還有「導尿管」等等。

不過就像肛門一樣，尿道也是非常纖細的部位，使用道具之前必須先以消毒用酒精消毒，也不可以忘記戴上醫用手套。以導尿管玩性愛遊戲時，切記絕對不能重覆使用。假如異物進入尿道後拿不出來，必須立刻上醫院就診。過去曾有因為尿閉症（排尿困難）上醫院求診的高齡老紳士，醫師從他的尿道中取出了長長的非洲菊花莖（！）。取下花朵的部分，以莖部來得到快感，這就是所謂的耽美嗎……。

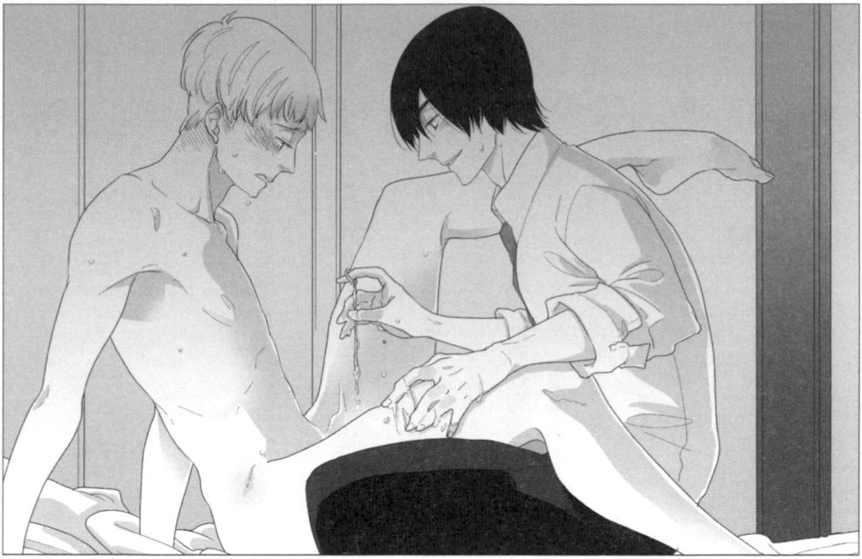

大島薰's TALK

性的愉悅就在「擴張的彼岸」？

超級虐待狂的1號，不斷地以尿道擴張之類的激烈方法虐待0號，最後愛上0號。這是一種稱為「宣洩效果」的依存傾向。事實上此時0號也會因此出現依存的心態。

人類平時就被迫面臨各種選擇，是「選擇的奴隸」。假如出現了能掌握自己生殺大權的「絕對主宰者」，人類很容易會依賴對方。對於這樣的0號，1號也會更加依賴他。BL作品中也可以看到這種劇情。

以前曾經有同志說「BL漫畫都太扯了！現實中的同志才不是這樣！」。但是最近「因為看了BL漫畫而發現自己是同志」的年輕同志變多了。和過去的同志不同，這些年輕同志注重的是BL漫畫中精神方面的羈絆或戀愛關係吧。

我曾問過熱中肛門擴張的男性「擴張到那種程度，不會痛嗎？」，對方說「是挺痛的，不過痛到超過極限之後，就會分泌腦內嗎啡，反而會讓人覺得很舒服。」而且還說「在我們這個（擴張）圈子裡，把這種事稱為『擴張的彼岸』」。說不定尿道擴張的快感也是在「擴張的彼岸」呢……。

就現實而言，女體化是可能的嗎？

現實中，男性不可能像漫畫裡那樣一下子蹦出一對巨乳，但其實青春期的男孩是較容易雌性化的。而且在11～18歲的階段，有些男孩甚至會稍微長出胸部。

一般而言，青春期的男性會大量分泌男性荷爾蒙，但是也會分泌少量的女性荷爾蒙。

有人說是因為營養午餐中的鮮奶含有女性荷爾蒙的緣故。但最讓人驚訝的是，也有人因為女性荷爾蒙增加，肛門與乳頭變得更敏感。

以下列出可以增加女性荷爾蒙的「雌性化成分與食材一覽」，假如男性攝取過量，會抑制男性荷爾蒙的分泌，增加敏感度，說不定還會分泌乳汁，身體變成像女孩子一樣呢。

♥大豆異黃酮♠

存在於黃豆等豆類中的一種生物類黃酮。植物中有些成分的效果與女性荷爾蒙中的雌激素相似，稱為植物性雌激素。黃豆、毛豆、黑豆都是富含異黃酮的食材。

♥木酚素♠

植物性雌激素之一，有抗氧化的功能，是多酚的一種。經腸內細菌轉換後，會發揮類似雌激素的效果。芝麻、亞麻仁油等都是富含木酚素的食材。

♥香豆雌酚♠

香豆雌酚（coumestan）也是植物性雌激素的一種。苜蓿芽、豌豆、斑豆、黃豆芽都是富含香豆雌酚的食材。

♥白藜蘆醇♠

是多酚的一種，因為有著類似於植物性雌激素的作用，因此被認為是植物性雌激素。紅葡萄酒、葡萄皮、花生芽都是富含白藜蘆醇的食材。

♥與男性談戀愛♠

這也許是最有效的方法吧。

在放入苜蓿芽與黃豆的沙拉上淋亞麻仁油，配著紅酒食用，說不定是最強的女體化食譜呢。請廚藝好的攻君務必做給受君吃看看。

大島薰's TALK

能讓人雌性化的營養補充品！

暗示的力量是很大的，比如男男做愛時，1號經常說「你是女人」、「快點懷孕吧」之類的話，0號可能會出現假性懷孕的症狀。而且以前也真的有男性因為受暗示而假性懷孕，所以絕對不能這麼做哦。肚子真的會鼓起，也會孕吐，所以絕對不能做哦——真的真的不能做哦！（笑）

還有，在變性者和女裝男孩裡，有些人會吃有雌性化效果的營養補充品。那些營養補充品是以大豆異黃酮為原料製作的，有些補充品可說和女性荷爾蒙差不多，而且在一般的藥妝店就能買到。也有不敢向父母出櫃的男孩自己買來偷偷服用，而且還真的長出少許胸部。

我認識會定期施打女性荷爾蒙的變性者。荷爾蒙針是有副作用的，打了之後會有躁鬱的感覺，長期施打的話還會傷肝。不過如果把整套手術全做完，拿掉睪丸後，身體就不會分泌男性荷爾蒙了，精神狀態也會稍微安定下來。

相反的，FTM（女跨男）的人使用了男性荷爾蒙後，情緒起伏反而會平靜下來。

男男做愛後也會有「聖人模式」嗎？

做完愛後，男性的態度會突然變得很冷淡，也不想講話。這段時間俗稱「聖人模式」。在BL作品中很少描寫到這樣的場面（反而是攻君很體貼地把受君抱進浴室清潔身體，並順勢在浴室裡展開下一回合……的場面比較常見）。不過，為什麼會有這種現象呢？

聖人模式是指男性射精後性欲急速冷卻的現象。射精後，男性的腦內會大量釋放抑制性欲的激素與催乳素，做愛後男人全身脫力，想蒙頭大睡就是這個催乳素的緣故。

女性很容易把這段聖人模式做負面解釋。但真相並不是這男人其實不愛妳或他其實只想要妳的身體而已……其實，這是一種動物的本能。

第一點，聖人模式能讓做愛後的雌性安靜休

息，以提高受孕的機率。第二點，射精後立刻變冷靜，是為了保護雌性不被敵人攻擊。也就是說，聖人模式是把做愛的對象視為應該保護的「自己的女人」的證明。假如男男做愛之後出現聖人模式，就表示攻君承認受君是自己的伴侶了呢。

此外，剛射精後，男性的性欲會降低。如此一來就能避免連續做愛，以提高女性懷孕的機率。而且話說回來，人類陰莖前段的傘狀構造（冠狀溝）原本就是為了把情敵的精子鏟出陰道，讓女性生下自己後代。連續做愛的話，就變成自己鏟除自己的精子了，當然不該這麼做。聖人模式可說是深深鑲在基因中的本能。

大島薰's TALK

可以善加利用聖人模式

喜歡玩強迫式性愛遊戲的1號同志說「連續給予男人快感的話，超過某個臨界值，理性就會消失，開始覺得什麼都能接受。」但是對1號而言，這樣就不有趣了。據說這種時候會讓0號射精個一次，讓0號因為男性本能冷靜下來，並再次對1號施予的強迫性愛產生抵抗感。在性愛中，聖人模式也是有用途的呢。

男人會在意陰莖的大小，是因為本能地知道陰莖愈大，愈有利於鏟除其他男人的精子。還有就是，當兩個男人為了搶女性而爭風吃醋，最後變成3P時，精子的數量似乎會因此增加。但就算不會懷孕的男同志玩3P，精子數量似乎也同樣會變多。希望有人能解開這個謎題。

除此之外，男人是視覺的動物，有一大半的性欲與視覺資訊有關。男人和真心喜歡的對象做愛時，會注視著對方的眼睛；只顧自己爽時，會注意對方的身體或性器官。注視著對方眼睛，表示想知道對方的反應，是在乎對方的證明。男男做愛時也一樣，和真心喜歡的對象互相凝視的話，應該會更濃情蜜意吧。

興奮時會流鼻血嗎？

不小心在浴室中裸裎相見、在性交時因為對方太性感誘人而不禁變得更興奮……在這種場面中經常會畫到「鼻血」。不只ＢＬ作品，鼻血幾乎是男性遇上色的場面時一定會出現的固定表現了。性興奮時就會流鼻血，到底是什麼樣的生理機制呢？

首先來說明一般情況下流鼻血的機制。

鼻腔內有表面肌膚沒有的黏膜，是人體中相當纖細的部分。此外，黏膜表面附近分布有毛細血管網，從這個構造來說，只要稍微有一點刺激，就會輕易地傷害血管。

因此，就算沒有直接碰觸到黏膜，光是用力擤鼻涕就有可能出血。除此之外，比如泡澡泡太久，體溫急速升高使血管過度擴張而破裂，也會流鼻血。

順帶一提，位於鼻子的正中央，從內側把鼻腔分成左右兩半的「鼻中膈」前方有個叫「克氏靜脈叢（kiesselbach's area）」的區塊，是黏膜微血管叢聚之處，大多數流鼻血的原因都是因為這個克氏靜脈叢受傷的緣故。此外，抽菸、喝酒、壓力都會使黏膜變脆弱，也可能因此容易流鼻血。

那麼，因為性興奮而流鼻血，又是怎麼樣的機制呢？關於這個問題，有個說法是：男人因為色色的感覺而興奮起來時，會分泌大量腎上腺素，所以才會流鼻血。

人類在性興奮時，會分泌名為腎上腺素的激素。這種激素會使血壓上升、心跳加快、提升血糖值等等。興奮時呼吸會「哈！哈！」地加速，據說也是因為腎上腺素的緣故。

血壓因腎上腺素而急遽上升，結果鼻黏膜的微血管因為承受不住血壓而破裂。這就是「色色的鼻血」的由來。原來如此，確實很有說服力……？

可是，並非所有人都贊成這種說法。而且也有醫師說「健康的人的黏膜，不會因為性興奮程度的血壓上升就破裂」。

此外，外國的動漫迷在看日本漫畫時，「在浴室中噴濺在畫面上的大量黑點是什麼啊？」不少人會有這種感想……也就是說，在外國人的認知裡，他們不具備「性興奮時會流鼻血」的「常識」。

如此說來，就會覺得「興奮時會流鼻血」可能不是全世界共通的人體現象，反而比較有可能是基於日本盛行的漫畫文化而誕生的誇張表現方式。而事實上，就算在日本漫畫裡，也是直到1970年代的「噴鼻血」【※1】表現流行起來之後，性興奮時會流鼻血的表現方式才開始變多的。

即使性興奮也不會流鼻血。雖然這個事實令人覺得有點可惜，但是「色色的鼻血」可以說是日本動漫宅文化中值得自豪的傳統。希望BL界的攻君們今後還是會以流鼻血的方式對受君的裸體表示敬意。

【※1】噴鼻血
1970年～71年連載於《週刊少年Magazine》的《谷岡ヤスジのメッタメタガキ道講座》（谷岡ヤスジ）中出現，男性在性興奮時會朝前方噴灑大量鼻血的誇張表現方式。

SPECIAL INTERVIEW

大島薰

Kaoru Oshima

♥ ♥ ♥

原本是AV女優，現為藝人。但身體是純粹的男性，曾公開宣稱自己「沒有打女性荷爾蒙，也沒有接受變性手術」。本書請他以雙性戀者的身分監修內容，並提出各種有用的意見。本篇訪談將向他請教關於自己的事、男人的身體與性行為之間的關係，以及對BL的看法！

PROFILE

1989年出生於巴西，幼年時期生長於大阪。2014年成為某知名AV片商的專屬「純男性AV女優」並出道，隔年引退成為藝人。著作有《ボクらしく。》、《大島薫先生が教えるセックスよりも気持ちイイこと》（マイウェイ出版）。

身體是男性
只是想打扮成女孩子而已

──您第一次扮女裝，是什麼時候的事呢？

大島　15歲的時候。我看到動漫畫裡有「偽娘（男の娘）」的角色，想說「現實中真的有這種人嗎？」但是在網路上搜尋不到相關資料，所以就想說，不然我自己來當好了。當時的網路不像現在這麼發達，甚至連「偽娘」這個詞都還沒發明，只有上個世代的御宅族以「女裝子」來稱呼這種屬性的角色。其中也有年輕又可愛的女裝子，可是他們的心態和一般女孩子沒什麼兩樣，所以絕對不會把衣服脫掉。可是不脫的話，不就和真正的女生差不多了嗎？我想世界上應該有一定程度的人喜歡「外表像女孩，但身體是男孩」的角色，而且我自己對「扶他（兩性具有）」這種角色也很感興趣，想知道把自己的性癖與女裝結合在一起會是什麼感覺，最後覺得乾脆自己來好了。這就是女裝的起因。

——女裝只是單純的興趣嗎？

大島　只是興趣而已。我的戀愛對象是女性，而且當時演藝圈也還沒有以女裝為賣點的人，就現實的角度而言不會聯想到可以靠女裝賺錢。不過到了18歲左右吧，我看到同志網站上的G片（Gay Video，同志成人影片）廣告，剛好我那時挺缺錢的，想說自己說不定也能試試，就去應徵了。AV事務所的人對我說「我們想拍的是穿女裝的G片」，我就說「好，我做」。後來那部片賣得很好。

——您本身有因為這件事出現什麼改變嗎？

大島　我當時已經有過和男性的性經驗了，不過我喜歡的是女性。雖然我穿得像女生，但是也不打算變性……總之當時的我還沒完全確定自己在性方面的角色定位。難道說我其實是同性戀，只是自己沒發現嗎？我也曾這麼想過，不過在拍了G片也和變性者討論過後，最後發現「我只是想以男人的身分穿女裝」而已。

——不是扮裝皇后也不是同志。

大島　對。當時演藝圈中還沒有這種類型的代表人物，既然如此，就把這種風格當成我的招牌好了。我以此為機會，開始以「大島薰」身分進行偽娘活動。

——您經常說「我並不是想進行LGBT的啟蒙活動」呢。

大島　是的，以前在某場活動上，有一名外表很中性的男性對我說「自從我看過你之後，開始覺得可以盡情地穿自己喜歡的衣服。」但因為對方的聲音是不折不扣的女聲，所以我想「她應該是女扮男裝吧」。只要想到有些人能因為我的作為而產生一些想法，我就覺得自己這麼做很有意義了。還有，扮女裝的男生很容易因為對外表不夠滿意而開始打女性荷爾蒙，或進行變性手術。可是「這樣真的好嗎？」就我個人而言會有這種感想。「我就是想變成女人嘛！」在還沒徹底想清楚前就急著變成女性，等到所有能做的事都做完了，有時間好好面對自己的性取向時，才覺得「好像有點不一樣耶？」而感到後悔也說不定哦？因為一時衝動而誤判自己的本質，我覺得是很危險的事。我想在這些人衝動行事之前，有個像我這樣的人作為參考也不錯也說不定。

——在過去的報導中，您經常說

「想變成名人」呢。

大島　不只報導，在活動會場上被問「將來有什麼目標」時，我幾乎會回「我想變成名人」（笑）。「既然如此，那你就應該多寫些文章或發表各種評論，更努力地刷自己的存在感啊」雖然有人對我這麼說，不過我覺得一直強調自己怎樣怎樣，感覺既囉唆又煩人。既然已經身體力行地展現自己的生活方式了，再一直說、一直強調，就太過頭了。

——您目前仍然打算繼續向世人展現自己的這種生活方式。

大島　是的。穿女裝被人稱讚，也只有年輕時才辦得到，所以絕大多數的人會打荷爾蒙或整容來維持外表的美麗。但是我不想打針也不想整容。雖然我今年已經27了，但是等我30歲時、40歲時，又能向世人展現什麼樣的外表和生活方式呢？我覺得很有趣。不過為了這個目標，我必須一直保持曝光度才行，所以我想，在到那個年紀之前，我必須進行其他各種活動吧。

——您的推特現在已經超過15萬人追蹤了。

大島　我在推特上講的都是BL或同志之類和男人身體有關的話題，所以主要的追蹤者都是腐女（笑）。偶爾也會有一些批評的聲音，比如「你把同志圈的祕密情報拿來賺知名度」之類的，雖然我不會特別回應就是了。

——從醫學到歷史，您在推特上提過各種領域的相關知識，這些知識是從哪來的呢？

大島　大部分都是書上看來的。最近看的是講江戶時代男色文化的《江戸の色道　古川柳から覗く男色の世界》（渡辺信一郎／新潮社），很好看哦。而且還提到了當時潤滑劑的調配方法。

因寂寞而造成的性欲會發散在男性身上

——本書的主旨是「讓熱愛BL的腐女得到更多關於男性身體與性愛的知識」，所以我想單刀直入地問，肛門經過開發後真的會變柔軟嗎？因為BL作品中也有不少沒有做太多事前準備就順利進去的場面……。

大島　做的次數多了，柔軟度就會變高。原本「連一根手指都很難進入」的人，到後來也可以輕鬆地讓更粗的東西進入。雖然有「要先鬆到三根手指能插入的程度，陰莖才有辦法插進去」的說法，不過如果是三根手指，我馬上就能插進去哦（笑）。

——真是柔軟！我還有一個問題，

——現實的同志世界裡，受和攻（0號和1號）哪種比較多呢？

大島　我常聽說「0號比較多」。據說0號去發展場時，場子裡都是0號，所以什麼事也不能做之類的抱怨（笑）。雖然我也確實有0號比較多的印象，可是仔細想想，0號是被插入的一方，只要被插就會覺得很舒服，就算沒射出來也無所謂。但是1號不做到射就無法結束，所以發展場裡只有0號，可能是因為1號已經射過一次很滿意地回去了，場子裡只剩還想繼續做的0號而已。也許是這樣吧？

——不是因為1號真的比較少。

大島　對對對。但是在不分（可以當0號也可以當1號的人）的人裡也有不少人有「可以的話想當被插的那方」的想法就是了。

——您剛才說過您認識變性者呢。

大島　這只是我的個人印象，不過我覺得很多變性者在精神方面都是0號。在做愛時就連愛撫都全交給對方做，而且還會過度展現女性特質。之前我曾經和一名變性者交往過，我以幫女孩子舔陰蒂的感覺幫她口交，可是對方事後卻說「不用做那種事」、「因為我是女人，不需要這根陰莖，所以也不希望你碰它」。而且她和我在一起時，絕對不會坐得歪七扭八，但是真正的女生平常其實都是大剌剌地盤腿坐呢（笑）。

——真正的女性其實都很粗魯，我知道（笑）。

大島　我是在穿著女裝與女性談話時才發現這個事實的（笑），女孩子在只有女生的場合說話時，聲調不是都會低一個音階嗎？而且遣詞用字也會變得很隨性。不過在看過那種景象後，我心想那也是當然的。我以男人的外表和女性說話時，大家都很優雅清純像花一樣，但是仔細想想，沒人能一直維持那種狀態不是嗎？（笑）可是變性者的心中有很明確的理想女性形象，並且盡可能地想讓自己變成那個樣子。所以言行舉止都不會露出粗魯的一面，盡可能地讓自己隨時都很可愛。

——您公開說自己是雙性戀者，有被問過「男人和女人，和哪種性別做比較舒服？」這類的問題嗎？

大島　當然有——（笑）。不過因為這兩件事是完全不同的領域，所以我沒辦法回答。打個極端的比方，就像問「你喜歡杯麵還是足球」一樣難以比較。我拍G片時，有個正在交往的女孩，後來吵架時她說「反正比起我，你比較喜歡男人對吧？」不是想綁住我，反而比較像感嘆或看開似的。

——和男性戀愛或和女性戀愛時，

您覺得自己的內心方面有什麼不一樣的地方嗎？

大島　戀愛對象是男性時，雖然我有時候會當1號，但通常還是當0號。畢竟是在這種打扮之下認識的嘛（笑）。相反的，和女性交往時，做愛後會讓女性躺在自己手臂上，約會時也會幫忙開門，就像一般的男朋友一樣。有些人穿女裝與女性交往時會變得像蕾絲邊一樣，但是我以男兒身生活的時間很長，所以很自然地就會那麼做了。不過，雖然和女性在一起時很快樂，也可以滿足自己的自尊心和舒適感，可是終究有一些空洞是女性無法填補的。就我的情況來說，因為寂寞而造成的性欲，會發散在男性身上。

——希望以男性來填補心靈的空虛。

大島　對的。雖然很難以言語表現……就是有種想無條件被愛的心情。有那種感覺時，就算只是單純和男性纏綿一晚而已也無所謂。而且我在和真心愛上對方、甚至想和對方結婚的女性交往時，有時候也會突然冒出想和男人上床的想法。這樣子很危險呢（笑）。這樣就很難結婚了，讓我覺得很不安。BL作品中常有「和女性結婚的雙性戀男性，因為和男人外遇而離婚了」的故事，事實上真的會發生呢。我認識的女生，家裡也因為這樣而亂成一團。

「性」是社會觀念中很重要的基礎

——換個話題，現在世界上還有很多「男人就是該這樣，女人就是該這樣」的觀念。對於這種情況，您有什麼想法呢？

大島　我從以前就覺得，這些社會觀念是談論「性」時很重要的基礎。例如說，不分性別大家都可以自由地穿男裝或女裝的話，「女裝」這個詞就不成立了呢，會覺得「穿女裝的男生？那不是很正常的事嗎？」。BL也是如此。「禁忌感」一直是BL作品中很重要的主題，但大前提是「男人不能和男人相愛」。假如這個大前提不存在了，同性戀變成很普通的事，我覺得這個類別的作品就不會那麼好看了。現在的世界潮流是「挺同」，所以我這麼說像是違背時代的思想，可是假如對同性戀的偏見完全消失了，那麼同性戀就沒有什麼特別的意義了。雖然說這種話很不謹慎，不過特別是在創作方面我是這麼想的。

——原來如此，就是因為悖德才會覺得精彩。不過現在的日本，每天都有同志藝人和扮裝皇后出現在電

視節目裡呢。

大島　就像歌舞伎的女形很受歡迎，日本原本就是對男性穿女裝相對寬容的國家。而且江戶時代還有男色文化。不過雖然這麼說，澀谷區提出伴侶關係條例時，街頭還是出現了抗議活動。除此之外還有一定程度的恐同者或完全無法接受穿女裝的人存在，甚至還有一些以非常偏激的方式贊成這些人的人。雖然我覺得現代對同性戀的偏見已經改善很多了，而且很多扮裝皇后藝人在電視上都很活躍，可是對大眾媒體來說，這似乎仍然是個難以拿捏的題材呢。

——話說回來，您似乎看了很多BL作品。您覺得BL的哪個部分好看呢？

大島　我覺得BL是「關係性的美」。例如上司和部下，平時地位很高的上司，在晚上被部下壓倒。讀者就是對這種關係性覺得萌對吧？腐女會覺得「牆壁和天花板」之類的無機物很萌，也是因為這兩者之間有關係性。還有，可能有些人討厭這樣，不過女性會在無意識中把應該是「男人和男人」的BL故事代入「男人和女人」的概念裡。所以受君基本上都設定得很可愛，而且不單只有外表可愛而已。除此之外還很喜歡以女性的身體來做比喻，比如明明是肛交，可是卻會讓角色說出「頂到子宮」之類的話，或者讓受君有生理期、懷孕之類的（笑）。

——BL作品中確實會說「我要讓你懷孕」之類的話呢。明明是兩個男的。

大島　是啊。不過雖然這麼說，但女性讀者也不會把自己代入受君的角色裡，所以很不可思議……這麼說來，對女性來說，BL不是「男與女」，而是「雄性和雌性」構成的世界吧。

——您從學生時代就開始看BL作品了，您覺得以前和現在的BL作品差別很大嗎？

大島　直接的描寫變多了。以前的作品就算是床戲，主要也都是兩個人的表情，對於想把BL作品拿來「使用」的我來說，「咦？最重要的結合部位怎麼沒畫？」常有這種欲求不滿的感覺（笑）。不過最近的作品愈來愈寫實，甚至會讓人覺得「這是男作者畫的吧？」的程度。就連把肛門的皺摺一道一道拉平的場面都描繪得很仔細。「這樣就實用了！」所以我又開始看起BL作品了。

——肛門的皺摺（笑）。

大島　真的畫得很仔細哦。可以畫出這樣的作品，讓我覺得腐女很熱心研究這方面的事呢。

BL成功交織了現實與理想

——您覺得BL作品的劇情如何呢？

大島　我有一段時間沒有看BL作品，再回鍋時的感覺是「內容開始接近現實的同志世界了」。最近的BL作品中已經會自然地出現同志酒吧，甚至會提到攻君以前有去過發展場之類的。我覺得這些都是以前的BL作品中很難看到的場面。

——現在不論是BL漫畫或BL小說，同志酒吧都已經很普通了呢。

大島　所以我覺得有點驚訝。女性，或者該說腐女不是不喜歡那種和不特定多數人做愛的劇情嗎？所以BL作品才很重視配對，因為最根本的想法是「受君和攻君非相愛不可！」。但是現在的作品卻出現了發展場或同志酒吧之類很明顯是去和不特定多數人性交的場所，所以我覺得很厲害。而且BL作品還能成功地升華這個部分。不是「反正男人性欲很強，就算和很多不認識的人上床也不在乎嘛，反正他們就是這種生物嘛」的心態，而是「以前那樣可以隨便和許多不認識的人做愛的攻君，在遇到受君後就完全變了呢」，像這樣把現實與理想交織在一起。就算是真正的同志，看了也會覺得「如果我也能有這麼棒的戀愛就好了」，所以說很成功。

——可以讓真正的同志接受的BL作品，真是了不起啊。那麼在最後，請您說說最近看過的，覺得有趣的BL作品吧。

大島　《俺と上司のささやかな日常》（こめり／東京漫畫社）。標題作是普通的BL，但是之後的續篇對我來說很衝擊。不過喜歡普通BL的女性可能不會覺得很萌吧……。

——是怎麼樣的故事呢？

大島　身為同志的滝川（標題作裡的受君）在同志酒吧時，有個女孩子過來找他，問他在做什麼。滝川不喜歡那個女孩子，所以叫她閃到一邊去，把她打發掉了。看到這裡，我有一種「既然會出現在同志酒吧，所以這個角色應該不是女孩子，而是女裝男孩吧？」的感覺。標題作結束後，有一篇時間點比較早的番外篇，那個角色果然是穿女裝的性別認同障礙者。連這種劇情都出現了，我有一種輸了的感覺。

——因為很寫實嗎？

大島　是的。比如現實中的變性者會被男友說「我就是喜歡身為男人的你，可是你卻想變女人？」故事裡也有類似這樣的情節。所有來搭訕那角色的人，最後都只會看到他的陰莖。雖然他一直說「我明明是女孩子，可是卻長了這種東西」，可是到頭來還是不被當成女性看待不是嗎？像這樣的劇情，不是用文字說明，而是以分鏡來表達，非常精彩。而且不是變性者的人能想出這種劇情也非常厲害。後來那角色說自己考慮打女性荷爾蒙或動手術

變性時，滝川原本是直男的男友說了「為什麼？你這樣不是也很好嗎？」之類自以為對對方好的話。「笨蛋！問題不在那裡！」原本應該是討厭女裝的滝川趕緊打斷男友的話，並且代替男友向那個角色道歉「對不起，這傢伙還不了解圈子裡的事」。這段劇情實在太寫實

了……在BL作品中畫性別認同障礙的故事，一個不小心可是會翻船的，但是作者真的處理得很好。

——既然能如此打動您，我也想快點找來看了。謝謝您今天接受我們的訪問。

大島　我才要說謝謝呢。如果有好看的BL作品也一定要告訴我哦。

標題作是剛出社會一年的新鮮人草野，與草野很尊敬的上司滝川的職場戀愛故事。大島提到的場面出自番外篇《彼とわたしの日常のはじまり》，描寫的是想成為女孩的性別認同障礙者貴子以及滝川的前男友誠的故事。

俺と上司のささやかな日常
（MARBLE COMICS）
東京漫畫社　2015年
©こめり／東京漫畫社

男大學生的純蠢之愛

《鮫島君和笹原君》

腰乃

東京漫畫社
（MARBLE COMICS）
全一集　2011年
©腰乃／東京漫畫社

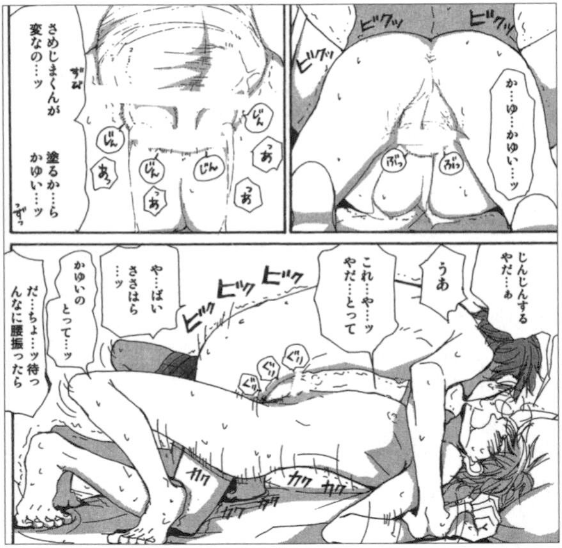

戀愛過程很可愛，但是性愛場面卻很熱情。這就是腰乃老師的獨特風格。狀聲詞、液體的表現、蛋蛋的震動也都很寫實。而且幾乎所有作品都很仔細描繪擴張的場面，喜歡這味的一定要看。

鮫島和笹原是同一所大學的同學，而且也在同一間店裡打工。不過只有笹原以為兩人是「朋友」，鮫島其實偷偷暗戀著笹原。藏不住愛意的鮫島在店裡對笹原告白了。笹原雖然很迷惘，但還是因為兩人的互動而漸漸發現自己喜歡上鮫島……兩個人的戀情會如何發展下去呢!?

基本上就是兩個主角可愛又讓人焦急的作品。鮫島（攻）超級超級喜歡笹原（受），喜歡到沒有半點餘裕。從舔腳趾開始，到玩Pocky遊戲、看完G片後打手槍、一面想著對方一面自慰，最後……！親熱度愈來愈高，笹原也漸漸發現自己的真正感情。可愛的性愛場面與大量狀聲詞造成的落差也很值得一看。

像這種「純情忠犬攻」和「被纏到屈服的帥氣受」的組合，是腰乃老師的拿手劇情。除此之外，本作與《隔壁的》、《一起尋找幸福吧?》、《新庄君和笹原君》幾部作品都有關聯，很推薦作為腰乃作品的入門書。

（青柳美帆子）

表現出做愛時痛感的獨特硬質線條

《DOG STYLE》

本仁 戻

libre
（スーパービーボーイコミックス）
全三集　2005～2008年

高中生性愛場面的精彩之處就是「衝動」。確實提高腰部的體位，很有「進去了」的感覺。此外還有身高差造成的顛簸感。有援交經驗、很習慣這種事的美紀與急躁到完全不能忍的千秋……性愛場面中充滿了值得關注的部分！

被交了女朋友後就任意放同學鴿子的柏（弟）感到生氣的千秋。被自我中心的柏（兄）吸引，但老是被玩弄而對自己感到厭惡的美紀。兩個人都以同一棟廢棄大樓為逃避的場所因而相識。有一天，千秋被不良少年追趕，剛好被美紀出手相救，兩人的距離因此急遽接近！身高168公分的高一不良少年千秋光，與身高182公分又高又帥的高二生寺山美紀，兩人做起愛來就像「野狗交配」。美紀努力忍耐年下攻的「棒力」，卻被千秋說成「死魚」，一怒之下罵千秋「技術爛透了！」。千秋因此變成行屍走肉。但還是在美紀的挑釁之下，努力學習讓兩人都舒服的「尾巴」的使用法。

作者本仁戻於1998年發表《飼育係・理伙》，背景設定在以暴力決定階級高低的住宿制校園內，生猛的描寫在BL界投下震撼彈。《DOG STYLE》雖然是喜劇作品，但柏兄弟與千秋、美紀之間複雜的四角關係，以及獨特的硬質線條所表現出來的痛感等等，還是充滿了本仁式的魅力。特別是美紀的口交場面，實在讓人心跳不已！

（岡田尚子）

Chapter3
EXTRA

發展場是什麼樣的地方？

有聽過「發展場」這個詞嗎？

簡單而言就是「同志找對象的場所」。

不是單純地見面聊天、交換聯絡方式的場所，而是聚集了不特定多數男性，進行性行為的場所。與不認識的人「發展」性行為，或者更進一步「發展」成戀愛關係。似乎是以這種微妙的語感命名的。

就算在BL作品中，假如攻君或受君的其中之一是同志，有時也會有「去過發展場」的描述。例如在BL愛好者中非常紅的《愛在末路之境》（水城雪可奈／小學館）【※1】中就有直男被同志追求，為了理解對方想法而在網路上搜尋「發展場」資訊的情節。

雖然如此，但發展場本身幾乎不會被畫出來。BL作品的讀者基本上喜歡的是「受君與攻君一對一的戲劇性關係」、「直男與直男不小心相愛」這類的愛情故事，因此「管他對象是誰，只要爽到了就好」的發展場很難成為BL作品的主要背景。那麼，實際上的發展場究竟是什麼樣的場所呢？

發展場的歷史最早可以追溯到大正～昭和初期，甚至有人認為可以上溯到江戶時代的陰間茶屋【※2】。基本上大部分的同志都不會特地出櫃，也很難在日常生活中認識其他同志。因此從第二次大戰前起，日本的同志圈就發展出在黑漆漆的電影院、夜間的公園、公共廁所等場所集會的文化。

戰爭中期～戰爭結束不久的這段期間出現了

【※1】《愛在末路之境》
水城雪可奈的漫畫作品。連載於小學館女性漫畫雜誌《Judy》的增刊號《NIGHTY Judy》。新裝版漫畫於2009年發售（小學館FlowerComics α）。同年發售的《愛在絕境重生》為本作的續篇。描繪離過一次婚的直男恭一與同志後輩今之瀨之間的愛情故事。

【※2】陰間茶屋
↓參考第89頁。

許多男娼，就連駐日美軍也會去找他們消費。上野公園是相當有名的發展場，甚至被稱為「男娼之森」。不只各地的公共場所被擅自利用成為發展場，也開始出現了發展專用的三溫暖或電影院等「付費發展場」。

在發展場認識的人不一定會就地解決，如果看對眼，有時也會回家做或上賓館開房間。但是直接在廁所或樹叢裡辦事的人太多了，因此經常遭到警察取締，而且也有把聚集在發展場的同志當目標攻擊的暴力事件，所以這類發展場有漸漸減少的傾向。

而且與過去不同，現在的同志可以毫無困難地進出類似新宿二丁目【※3】般的同志村，或者利用網路交友，這些都是發展場減少的原因。

話是這麼說，但就算現在已經是同志們相對方便找對象的時代了，還是有很多人喜歡在發展場找發展。有些人是因為「在同志酒吧待久了容易被記住，不想因此引來麻煩的人際關係」，也有人是「在社群網站中揪認識的同志們一起到那邊玩」。發展場的定位也因應時代的變化而有所不同。

對了，有會跑發展場的現代同志說「如果碰上還不錯的人，我可以馬上幫對方吹或直接辦事，不過接吻的話，我只跟真正喜歡的人做而已」。假如在發展場認識了願意接吻的對象，也許能成就一段浪漫的戀情……？

【※3】新宿二丁目
有超過400間的同志夜店，是世界最大的「同志村」之一。

現實中的同志，攻×受的關係是固定的嗎？

對BL作品來說，最最最重要的基本概念，或者該說是支持著Boy's Love這種書籍類型的根幹，是什麼呢？

沒錯，就是「受君」與「攻君」。不論什麼樣的BL作品，若沒有這兩種人，故事就無法成立。

從BL草創期到現在，幾乎所有的BL作品中，攻君與受君的關係都是固定的，甚至還出現了「超級總攻大人」【※1】這樣的詞彙。攻君天生就是攻，受君天生就是受，這種既定觀念堅不可摧，很少有人會想把兩邊對調過來。而且出版社打書時的廣告詞或劇情大意，基本上也都是「眼鏡鬼畜年下攻×奔三童貞受」之類的，把攻君×受君組合在一起，形成配對。那麼，現實中的同志又是如何呢？

現實中的同志，基本上也是有「攻／受」之分，受通常稱為0號，攻通常稱為1號。不過這種1號／0號的立場常常變換，不像BL作品中那樣是絕對不可動搖的意識形態。

一般來說，0號確實會找1號，1號也會找0號交往；不過撞號——兩個0號或兩個1號交往的情況其實也不少見。究竟是為什麼呢？

那是因為，現實中的同志不一定非肛交不可。所謂的0號1號，也不完全是「被插／插人」的意思，有時含有「性愛中屬於被動／主動的那方」的意思。此外，視情況可以當0也可以當1，不堅持非在哪個立場不可的「不分」也有

【※1】超級總攻大人

意指「攻君就該是這樣！」集這種要素於一身的角色。通常是高富帥而且聰明絕頂、運動萬能，社經地位相當高的上流人士。例如《探索者系列》（山根綾乃／libre）中的麻見隆一。

很多。而且很現實的一點就是，年紀大的0號在同志市場的行情並不好，有不少0號到了一定年紀後就會轉成1號。

最近幾年，即使是攻受極為固定的BL界也開始漸漸出現變化。偶爾可以看到角色攻受互換的「逆可」作品。除此之外，攻君不再永遠內建「標準攻」的氣場，看起來不怎麼可靠，個性軟弱像受君的「軟弱攻」也很受歡迎，可以說大家對於攻受給人的印象愈來愈有彈性了。

一直以來都是當攻的人，第一次成為受，並屈服在被插入的快感中。也有不少人覺得這種情節萌翻天。過去不曾接觸過逆可作品的人，考不考慮不挑食地試吃一次看看呢？

1號的體格都比較好嗎？

在BL作品中，判斷一個角色是攻是受的基本依據，就是「體格」。

體格強健，充滿男子氣概的攻君與小鹿般纖柔的受君……雖然沒有明顯到這種地步，但是大部分BL作品中的配對還是會有多多少少的體格差距。攻君基本上都會稍微高大壯碩、有男子氣概一點。此外受君下巴尖細，攻君下巴寬正，也被當成「BL固定套路」成為一種梗……。

那麼，現實中的同志也同樣會以體格的優劣作為分號的依據嗎？

其實完全不是這樣。社會上對同志的刻板印象是「高頭大馬」、「肌肉健壯」這種男子漢般的形象，不過現實中也有瘦小白淨、中性的同志，而且這些同志也有可能是1號。

而且根據同志的說法，同性情侶的體格差距通常不大，應該說肉壯的會找肉壯的，可愛的會找可愛的，通常會找「相似性高」的人當對象。

心理學中有「相似性吸引法則」的說法。也就是說，人們會依同鄉或同血型等等，總之會對「和自己有相似之處」的人抱持好感。研究證明不論同性或異性，都有這種「容易被相似度高的對象吸引」的傾向。這麼說來，同志情侶的身材相似，也是可以理解的事呢。

此外，同志找對象的場所會分成「斯文系」、「陽光運動系」、「熊系」等等，依外表做特化區隔。因此，與在這些場子認識的對象交往，體格自然也會很相似。這是當然的結果。

這麼說來，「攻君的體格比較好」是只存在於BL世界中的概念嗎？

讓我們從另一種角度來看看。

根據美國研究，胎兒期受較多男性荷爾蒙影響的男性容易成為同志。男性荷爾蒙會影響人類的骨骼、肌肉量、體毛的多寡、陰莖的長短等等，也就是說「整體而言，男同志比直男看起來更有男子氣概」。而事實上也有研究宣稱，男同志的陰莖平均長度大於直男的陰莖平均長度。

再回到原本的問題，同志中「1號的體格比較好」嗎？……其實在同志圈裡，許多0號的陰莖比1號長，也就是說0號的男性荷爾蒙比較多。換句話說，體格好的反而是「受君」。當然也有很多不是這樣的例子，可是就理論而言，這種可能性很高。

……果然「攻君的體格比較好」是BL世界特有的情況呢。但是近年來BL界的攻受也開始逐漸變得更多樣化，因為這樣的知識而對「壯0（壯受）」覺醒，說不定也是有可能的哦？

男人們的「手」的故事

攻君與受君的雙手輕輕地交疊在一起。問題來了，誰的手比較大呢？

……熱愛ＢＬ的各位一定會馬上有答案吧。就像上個單元提到ＢＬ作品對體格差距的既有觀念，ＢＬ作品中攻君的手基本上也都是比較大的。為什麼攻君的手比較大呢？對於這永遠的命題，大家有各式各樣的說法。

首先會想到是因為「很多女性（作者或讀者）都有戀手情節」。是因為作者喜歡手，所以畫得特別仔細，或者是因為讀者回應好，所以畫得很仔細？這問題很難回答，可是ＢＬ作品中，確實常以手部的纖細描寫來表現情感。這麼一來，讀者自然相對容易對手部留下印象，可能因此覺得手被畫得很大吧。

手的大小反映了女性的感性，也有這樣的說法。描繪男女戀愛的一般少女漫畫中有不少「女主角看著男主角寬大的手掌，產生怦然心動的感覺」像這樣以手掌的大小表現「男子氣概」的情節。即使描繪的是ＢＬ作品，這個潛在想法仍然存在。原本不把攻君看成戀愛對象的受君，不經意之間對攻君的大手怦然心動，察覺到攻君的性感魅力……說不定就是這種想法造成攻君手比較大的結果吧。

在這裡要提出一個很特別的看法。在《オトコのカラダはキモチいい（暫譯：男人的身體很舒服）》（KADOKAWA／Mediafactory）

【※1】《オトコのカラダはキモチいい》ダ・ヴィンチBOOKS。2015年2月發售。以YAOI・BL研究家金田淳子、作家岡田育、AV導演二村ヒトシ在cakes主辦的對談活動（司儀為岡田育）為基礎加筆而成。是針對「男人的肛門與乳頭」暢所欲言的一本書。

【※1】一書中，「攻君的手之所以那麼大，是為了把受君的陰莖完全遮起來！」YAOI・BL研究家金田淳子如此斷言道。BL作品中有各種「抹消重點部位」的方法，為了巧妙地遮掩兩名男性的重點部位，因此把手掌畫得很大，也就是說那是一種天然馬賽克……原來如此，聽起來頗有道理呢。

好了，分析到這邊，有件事情令人在意了起來……現實中的同志情侶，也是1號的手掌比較大嗎？

話說回來，男性手掌的大小是如何決定的呢？決定掌心寬度與手指長度的最重要因素，當然就是遺傳。還有就是胎兒期男性荷爾蒙的分泌量多寡。過了成長期後，手指的長度就幾乎不會再有變化了。

除此之外，手指也可能因為彈鋼琴或是從事某些運動等等，因為生活環境或職業關係而變粗，讓整隻手看起來比較寬大。「因為是1號」、「因為是0號」所以手比較大或比較小，這種現象當然是不存在的。

順帶一提，有種說法是手掌愈大的人陰莖也會愈長愈粗大。雖然手大的人身高通常比較高，所以多少會有這種傾向，但似乎還並沒有任何科學佐證。

還有一種說法是男人與女人的食指、無名指的長度差異是不一樣的。女性的食指、無名指的長度差距不大；男性的無名指則比食指長。在胎兒期間受男性荷爾蒙影響較大的人，無名指會比較長；相反地受女性荷爾蒙影響較大的人，食指則會比較長。另外還有一種說法：食指比無名指長的男性，是同志的比例比較高。

令人遺憾（？）的是，目前這些說法都只是民間說法而已。假如今後研究得更加深入，說不定有光是看到對方的手就能明白對方的性向的一天呢。

同性可以結婚嗎？

談了一場轟轟烈烈的戀愛後，兩人終於成功結合。立下「以後我們要一起生活」的誓言，牽著彼此的手走下去……應該有很多人在ＢＬ中看過這種歡喜大結局吧。如果是一男一女，腦中就會閃過「結婚」兩個字了。然而現實中的同志情侶又是如何呢？

先說結論。同志情侶在現在的日本是無法結婚的。假如要問為什麼，就是憲法第24條第1項明言「婚姻只在兩性的同意之下才能成立」。兩性指的是男性與女性，所以結婚是男人與女人才能做的事——因此同性無法結婚。憲法對婚姻是如此解釋的。

但是現在的憲法是將近70年前制定的，那是個不會考慮同性戀者與ＬＧＢＴ【※1】立場的年代。不過，對婚姻的解釋應該隨著時代改變不是嗎？保護基本人權的憲法侵犯了同性戀者的結婚自由不是嗎？——目前對於同性結婚，有各式各樣的議論。

話說回來，同性情侶不受法律保障（不能結婚）的話，會出現什麼問題呢？

「想和喜歡的人結婚」的心理需求先不說，很現實的是遺產、保險、減稅等等的「金錢」問題。除此之外還有難以得到領養許可的問題、伴侶生病時不能進病房或簽同意書的問題……一夫一妻的婚姻中理所當然有權利做的事，同性無法結婚的話就無法享有。因此，目前日本的同性情侶會以「收養」取代「結婚」。但是那樣一來，在戶籍資料中兩人的關係是父子而不是伴侶，是

【※1】ＬＧＢＴ 女同性戀者（Lesbians）、男同性戀者（Gays）、雙性戀者（Bisexuals）與跨性別者（Transgender）的首字母縮略字。意指性傾向的少數群體。

不對等的關係。這也是另一個問題。

世界上承認同性婚姻的國家或地區有逐漸增加的趨勢。1989年，丹麥是第一個通過承認同性註冊伴侶關係的《註冊伴侶法》的國家；2000年，荷蘭通過了同性婚姻法條，不論異性或同性都可以結婚。彷彿追逐這股潮流似的，美國、英國、法國等西歐國家以及巴西、墨西哥也開始把同性婚姻法制化。

和這些國家相比，日本的同性婚姻進程似乎有點慢。不過2015年有個進展，就是東京都澀谷區提出了承認同性情侶「相當於婚姻關係」並發行證書的條例，並且在區議會中得到多數贊成票，正式開始發行「伴侶關係宣誓書」。接著，東京都世田谷區也跟著比照辦理，成為當時的熱門話題。

有些人指出了條例中有許多問題點，同志情侶中也分成贊成與反對兩派。不只如此，有些人還提出了其他更激進的主張。例如主張應該直接制定伴侶關係法，或者主張不應該只討論同性婚姻，應該重新全面性地檢討現行的婚姻制度——「假如能把這條例推廣到全日本，同志情侶就全都能過著幸福快樂的生活了！」這種想法似乎太冒然了一點。

但也因為這個條例，日本國會第一次出現了「關於同性婚姻的議論」。就這點來說，這個條例應該還是能說是「跨出了一大步」吧。

不論是BL世界中的配對，或者現實中的同志情侶，希望世界能變得更友善、讓他們幸福地生活下去呢。

有男男專用的性風俗店嗎？

說到性風俗店（提供性服務的場所），一般來說都是女性為男性提供性服務。那麼，有男性為男性提供的性風俗店嗎？

答案是有的。而且和一般的性風俗店相同，有各式各樣的形態。

以男同志為對象的風俗店（以下簡稱同志風俗店）中的男性性工作者，稱為「專賣小弟（売り専ＢＯＹ）」、「小弟（ＢＯＹ）」、「公關（ＨＯＳＴ）」等等。

「小弟」的由來是「同志酒吧的打工小弟」；「公關」則是「進行接待的男性」的意思。在以女性為客群的酒店業界也很常聽見「男公關」的說法，也就是所謂的牛郎。

而「專賣」又是什麼意思呢？就是「專門針對男性賣春，但是不會買春」。

——也就是說，這些人多半都是異性戀者（所謂的「直男」）。小弟的主要年齡層在18歲～20幾歲前半之間，大多是缺錢的直男大學生，覺得這打工不累、薪水又好就來應徵了。不過最近同志小弟或雙性戀小弟也有增加的趨勢。至於客層，當然就是同志了，但偶爾也會有直男客人。

要上哪兒才能找到這些小弟呢？

從１９５０年代起的代表性方法是「在酒吧認識」。把在同志酒吧上班的小弟帶進小房間或帶出店外辦事。但是並非所有同志酒吧都會兼做性服務，因此會把這種酒吧稱為「專賣酒吧（或專賣）」來加以區別。

除此之外，也有「在店裡認識」的方法。以「按摩店」的名義，在大樓或公寓的房間裡挑選按摩師父，享受對方提供的性服務。

其他還有「應召」。也就是所謂的「叫外賣」，以電話或網路與經紀公司交涉，讓對方派遣小弟到賓館之類的場所，或者由經紀公司提供專用房間。也稱為「外派公關」。

隨著網路的普及，不屬於任何風俗店，以個人身分「營業」的小弟也變多了。有的是以個人經紀公司的方式經營，也有利用交友網站或留言板之類的平臺來拉客。

不同的風俗店有不同的規矩。有些店只能愛撫，以口或手幫客人射精；有些店則可以做到本番（插入）。價格、營業形態、小弟的類型以及可以玩的花樣都會因不同的店而有所變化。此外菜單似乎還有增加的趨勢，有變性者【※1】、偽娘、女裝、角色扮演等等，開始多方向發展。

……寫到這裡，有些人應該會覺得不妙吧。

「賣春不是違法的嗎？」沒錯，日本的賣春防止法與風俗營業法對性風俗店有許多經營上的規範，而且「本番行為」是違法的。因此提供這種性服務的店都打著「偶然在店裡認識，基於自由戀愛而進行性行為」的名號在經營。同志的風俗店應該也是這樣吧——大多數人都這麼以為。

但其實現行的賣春防止法只把「女性的性服務」列為管制對象，所以男性對男性提供性服務不算違法的行為。

此外，風俗營業法也只針對「異性客人」加以規範，法律制定的當時，似乎沒有考慮過女性為男性提供性服務之外的可能性。因此事實上，同志風俗店現在也依然以「法律漏洞」的方式存在於日本。

【※1】變性者
Newhalf。透過注射或服用女性荷爾蒙而擁有女性性徵，但還保留男性生殖器的人。通常會透過整形、整容等方式讓自己的外表更符合自己心理認同的性別。

日本實際存在過的男色文化

BL作品中經常以「禁忌之戀」、「不被容許的愛」來描寫同性之愛。但其實日本原本是對同性戀愛非常寬容的國家。

直到近代之後，日本才開始把同性戀愛視為禁忌。一般認為，最主要的原因就是基督教價值觀的普及化。但是在西風東漸之前，日本的情況又是如何呢？在不算很久遠以前的150年前的江戶時代，同性戀愛是很常見、很稀鬆平常的事。不只如此，回顧更古老的歷史，也可以發現許多與同性戀文化有關的文獻紀錄。

喜歡女性稱為「女色」。相對的，喜歡男性則稱為「男色」。本單元將把日本的男色文化分成三大時代，並加以介紹。

日本最古老的BL？【奈良～平安時代】

可以從文獻紀錄或文學中找到的，日本最古老的男男之戀是誰和誰？雖然答案眾說紛紜，不過最古老的紀錄之一，應該是西元720年完成的《日本書紀》中的「阿豆那比之罪」吧？

在紀伊之國（現在的和歌山縣），有名為小竹祝和天野祝的兩名神主（神社的祭司）。「祝」是神主的意思，因此在這裡兩人的名字應該是小竹和天野。

兩名神主的感情非常好，但是後來小竹祝病死了。得知這件事的天野祝傷心到哭出血淚，說：「我們生前是『善友』，為什麼死了之後不能睡在同一座墳裡呢？不對，請把我們埋葬在一起吧。」說完，他躺在小竹祝的屍體旁邊自盡了。寧可追著對方殉身也不願意獨活……也許是被天野祝感動吧，其他人也就依著天野祝的希望，把兩人合葬在一起。但沒想到卻因此天地異變，連續好幾天的白晝都黑暗如夜。剛好來到此地的神功皇后說「這是阿豆那比之罪」的緣故，於是大家又把兩人分葬，最後太陽就露臉了。《日本書紀》是如此記載的。

這個故事裡的「罪」究竟是指什麼？後世的看法不一，其中有一種說法認為「罪」指的是男色【※1】。或許在很久很久以前，「殉情BL」就已經存在了呢。

這個故事對兩人的互動沒有太多著墨，不過平安時代紫式部撰寫的《源氏物語》中，則有「超級總攻大人」光源氏的一段小插曲。

光源氏愛上了一名有夫之婦空蟬。空蟬有個弟弟名叫小君。基於射人先射馬的原理，光源氏拉攏小君以圖接近空蟬，小君也努力地幫姊姊與光源氏牽線，但空蟬還是不肯理睬光源氏。漸漸地，比起冷淡的空蟬，光源氏覺得小君更可愛，也因此非常寵愛他。當時光源氏17歲，小君大約12～13歲。「可別連你也拋棄我哦。」光源氏甚至低聲對小君這麼說，而小君則抱著光源氏。

光是這樣就已經很可疑了，但是紫式部還更進一步地寫到兩人同衾（睡在同一床被子裡）的場面。「空蟬不肯理我，我覺得活著好痛苦啊。」光源氏如此泣訴，小君也心疼地陪著光源氏一起哭。「小君怎麼會這麼可愛呢。」光源氏說著，開始「摸索」起小君的身體。儘管小君的身體瘦小，但還是與空蟬有相似的感覺，讓光源氏不禁想好好疼愛他。儘管沒有明確地描寫肉體關係，但是只要走岔一步就會越線了。不愧是紫式部才寫得出來的情節呢。

嚴禁女色而誕生的稚兒文化【鐮倉～戰國時代】

說到日本的男色文化，就非提到寺院與戰場的男男關係不可。

「沒有女人」的場所很容易產生特殊的情欲。西元6世紀傳來日本的佛教是個要人遠離女

【※1】除了本文中提到的「男色」是罪之外，還有殉情是罪，以及將兩個神主合葬是罪的說法。目前最有力的說法是合葬說。

色的宗教。基於信仰而不能碰女人的僧侶因此把情欲投射在同性的僧侶身上，就某方面來說是必然的結果吧。

奈良時代傳來日本的佛教典籍《四分律》中有禁止僧侶性行為的「淫戒」。而且還具體舉例說明做哪些事會成為「罪行」。大部分的例子都是僧侶與女性間的性行為，但其中也提到了男男的性行為。

「僧侶把另一名僧侶勃起的男根含在口中，有罪。（含在口中的人有罪，被含的人無罪）」

「3名修行僧侵犯睡著的僧侶。僧侶醒來時感受到了快感（所有人都有罪）」……等等。

感覺好像在看什麼同人薄本似的，不過經典是很認真地列舉這些行為的。重點在於就算身為「受害者」，只要因此得到快感就算是有罪。佛祖有時候也意外地嚴格呢。

時代繼續前進，佛教寺院的僧侶開始流行起與稚兒發生關係。所謂的稚兒是還沒剃髮的少年修行僧，除了服侍僧侶的生活起居外，也會成為僧侶的性對象。當時的稚兒不但會留長頭髮，也會穿著與女性差不多的衣服，而且還會化妝。

僧侶孌童的風氣愈來愈盛行，開始有人為了禁止而說「行男色者會下地獄」，但是大部分的人依然我行我素。甚至為了能堂而皇之地玩弄小男孩而編造出某套說法作為藉口。

那就是「稚兒灌頂」的儀式。灌頂原本是高僧將聖水淋在弟子頭上，授予力量的儀式。當時的僧侶則號稱只要執行過灌頂儀式，稚兒就會從「人類」變成「觀音菩薩」的化身。而且，只要稚兒以自身肛門包容僧侶的性器官，就能拯救僧侶脫離苦海。這是什麼鬼話——！雖然很想這麼大叫，不過當時的和尚可是一臉認真地說出這種話哦。

強搶美少年回去當稚兒，或是僧侶們為了搶奪美稚兒而爭風吃醋，甚至還有稚兒與稚兒談戀愛的情況。寺院中的戀愛問題可說都是環繞著稚兒發生的。

順帶一提，當時的人是如何插入的呢？鎌倉

時代末期的繪卷《稚兒草子》中有詳細的描繪。最基本的做法是以毛筆沾丁香油插入肛門來加以擴張。除此之外也會插入假陽具進行訓練。

隨著時代前進到武士社會，這種稚兒文化也被繼承了下來。鎌倉時代的武家也會像僧侶一樣讓美少年隨侍在側，稱為「垂髮」。

戰國時代時也是如此。由於不可能帶著妻子上戰場，許多武士因此會找男性作為一夜情的對象。而且武家子弟多半會被送到寺院接受教育，從小看慣了「僧侶與稚兒」的關係，所以通常不會排斥男色。比如織田信長和貼身侍從森蘭丸的關係就很有名。在戰場上，武士們不但會互相信任，而且還會相愛。

男娼的登場【江戶時代】

日本歷史中，對男色最寬容的時代是江戶時代。不像之前的時代，男色是貴族、僧侶或武士等上流階級的風雅文化，在江戶時代，連普通老百姓都能享受男色。

特別值得一提的，是男娼的登場。當時能嫖男娼的場所叫「陰間茶屋」。所謂的陰間，指的是沒有資格登臺表演歌舞伎的年輕戲子。能夠登臺的演員稱為「板付」、「舞台子」，演技還不夠純熟的叫「新部子」。

自從幕府禁止女性表演歌舞伎之後，若眾歌舞伎（由未成年少年表演的歌舞伎）的演員開始賣春。由於主要的賣春者是陰間與新部子，演變到後來，大家就把以男性為賣春對象的男娼統稱為「陰間」了。

當時許多地方都有陰間茶屋。江戶的堺町、芳町、禰宜町、淺草、芝神明、湯島、目黑；大阪的道頓堀；京都的宮川町、石垣町都有陰間茶屋。其中最有名的地點是芳町。光是一個芳町就有超過１００人的男娼。就如同說「逛吉原」等於去買女人，說「逛芳町」也有「去買陰間」的意思。

１７７０年的情色書籍《豔道日夜女寶記》中提到了訓練陰間少年的方法。把指甲修短，在手指上抹油，從小指↓無名指↓食指↓中指↓拇指↓食指＋中指，每天如此依順序插入，增加進入的質量。等到習慣之後，就可以插入男性生殖器了。

與買賣春無關的男色又是如何呢？

在江戶時代，元服（成年）前的少年（若眾）與年長的男性照顧者（念者）之間發展出親密關係，在武士階級或是平民之間都是很普遍的情形。

但是他們的甜蜜時光只能到「若眾元服為止」。等到若眾成年，可以獨當一面，就非得與念者斷絕關係不可。若眾在成年的前一晚與相愛的大哥難分難捨的場面，說不定經常可以在江戶時代的夜裡見到吧。

1687年出版的《男色大鑑》中提到許多若眾的戀情。這本書的作者是井原西鶴，最有名的作品是《好色一代男》。

《男色大鑑》共8卷40章，描述了各種男性之間的男色物語。

前半段描述的是武家社會中的眾道。從鎌倉時代起，經歷戰國時代進入江戶時代，在充滿男性的武士社會中「強烈的羈絆」演變成愛情的例子不算少見。後半段則是以歌舞伎世界為背景的平民之戀。

江戶時代武士階層的眾道，武士們為了爭奪年輕貌美的若眾而決鬥、臣下愛慕主公寵愛的美童子、明明受主公寵愛，卻愛上了其他武士而被主公殺死的美童……這類浪漫的故事層出不窮。武士社會的「義理」與從中萌生的愛情造成的悲壯感，應該讓江戶時代的腐女們興奮不已吧。

想告訴其他人的，世界上的男色文化

翻開世界史，可以看到許多同性之愛，特別是神話時代的故事。由於其他文化沒有像基督教那樣把同性戀視為禁忌，因此許多神明或古人都很自由開放。

世界上最古老的男色紀錄出自美索不達米亞文明。當時的人不分男女都很開放，性交對象也不限於異性。

美索不達米亞文明中最有名的男男戀，應該是《吉爾伽美什史詩》中吉爾伽美什與恩奇杜的故事吧。吉爾伽美什是半人半神的國王，可是個性相當暴虐無道，於是天神安努以黏土捏出了恩奇杜，並讓他擁有能夠與吉爾伽美什相抗衡的力量。兩人大戰一場後惺惺相惜起來，結為好友。他們總是同進同出、一起冒險，發展出比所謂的至交好友更深刻、更獨一無二的友情。

埃及神話中又是如何呢？埃及眾神中，天空與太陽之神荷魯斯和沙漠與外陸之神賽特的故事相當有名。兩人原本是敵對關係、爭執多年，眾神設宴希望兩人和解，兩人同意了，並為了表示相親相愛而同睡一張床過夜。根據莎草紙上的記載，「荷魯斯侵犯了賽特，賽特侵犯了荷魯斯」，而且還描寫到了相當於股交的行為。不只如此，賽特還因為荷魯斯的精子而懷孕……。

不只神話故事，實際存在的人物中也有男男戀情。成為埃及國王（法老）的阿肯那頓邀請年輕的美男子斯門卡瑞成為共同的統治者……這麼說來好像只是關係很好的搭檔，不過斯門卡瑞還得到了一般只會賜給王后的「阿肯那頓所愛之人」的稱號，這樣看來，兩人不但是共同統治者，而且還有情侶的關係。

也有覺得「男色最棒了！」的世界。那就是古代希臘。希臘眾神在性方面本來就超級開放，天神宙斯不分男女老幼全都染指過。此外英雄海格力斯有許多男性情人，也是很有名的事。古希臘人自己也和神明一樣沉浸在男色之中，甚至認為男性之間的性愛是生活必須的，反而是「女色會使青年軟弱」而加以貶低。

現代人會用「柏拉圖之戀」來指稱「沒有肉體關係」的「純粹的愛」。這個名叫柏拉圖的人，就是古希臘人。他在著作《饗宴》中提到「世俗之愛是男女歡愛，神聖之愛則源自尤瑞尼斯父親身體，男性相交為成熟高尚戀情，乃真愛所本」。

不只柏拉圖，當時的許多哲學家和思想家也都崇尚男色。因「畢氏定理」而知名的畢達哥拉斯說過，與女性的性交「冬季要多性交，夏天則不宜；春秋季的性活動要非常節制，因為它在這整個季節中是痛苦的和有害的」。

古希臘的男色還被軍隊加以運用，最知名的就是城邦底比斯【※1】的「底比斯聖隊」。這是一支由年長與年少同性戀人組成的精英部隊，為了在戰場上保護心愛的人，他們發揮出了強大的戰鬥力。最強的城邦國家斯巴達也會把12歲以上的少年與年輕成年男性配在一起，讓年長者全方面地指導、傳遞知識。所有的少年都必須有指導者，年長者也必須有少年情人，這是義務。

除此之外，羅馬帝國的男色也很興盛。甚至連皇帝都是「雙插頭」。第5任皇帝尼祿和男人結過兩次婚，還舉行了盛大的婚禮。其中一次是強行閹割了美少年，娶他為妻，另一次是「嫁」給男奴隸……真是想怎樣就怎樣的人呢。

【※1】底比斯
位於中希臘維奧蒂亞州首府利瓦迪亞附近的古希臘城邦國家。是與古雅典城、斯巴達互相抗衡的強大城邦，據說也是半神英雄海格力斯的出生地。

各種男性性器官的說法

在ＢＬ作品中，讀者最期待的就是性愛場面了。在那種場面中，能營造出情色的氣氛，或者讓讀者瞬間消火的，就是對於「男性性器官」的稱呼。

自己寫小說或畫漫畫時，雖然希望把性行為描寫得更詳細一點。可是詞彙庫中的相關單字實在太少了……為了幫助有這種煩惱的讀者，本書收集了ＢＬ作品及官能小說中實際使用的各種與男性性器官有關的表現方法。

♥以代名詞來委婉地指稱♠

那裡、那話兒、那邊、那處　等等

★★★★★

模糊化的表現方式，有時反而可以刺激想像力哦。

♥與本人重疊，或者讓性器官有人格♠

他、分身、兒子、小弟、弟弟、老二、壞孩子、（攻的名字）　等等

★★★★★

明明指稱肛門時就不會讓它有人格，為什麼指稱陰莖就會這麼做呢……？順帶一提，在歐美文學中也會用「Dick」或「Johnson」這些人名來稱呼陰莖。

♥強調形狀或硬度♠

命根子、肉棒、長竿、拐子、堅硬、堅挺、屹立、剛直、鐵棒　等等

★★★★★

以硬度來表示「攻君好棒」的傾向是確實存

在的呢。

♥聚焦在熱度、激烈程度上♠

欲望、怒張、猛烈、高昂、激昂、灼熱、熱烈、火柱、發熱體　等等

★★★★★

過於文學的表現，有時反而會讓人更加害羞呢。

♥以概念來稱之♠

欲望、肉欲、情欲、雄渾、中央、象徵、尊嚴等等

★★★★★

順帶一提，雄渾似乎是「雄壯渾厚、勇猛有力」的意思。

♥以其他事物來比喻♠

玉莖、寶貝、淫莖、肉莖、打針、香腸、香蕉、玉簫、冰棒　等等

★★★★★

用冰棒來形容，就會很在意舔起來味道如何呢……。

♥以武器來形容♠

凶器、手槍、來福槍、大砲、寶刀、寶劍、西洋劍、肉棍、長槍、長鞭、鋼鞭　等等

★★★★★

雖然目的是想讓陰莖有威風的感覺，但是一不小心就會變成搞笑了，有種岌岌可危的感覺。

♥直接了當地指稱♠

陰莖、性器官、屌、陽具、陽物、雞雞、雞巴、小鳥　等等

★★★★★

讓受君覺得羞恥的說法說不定才是最萌的。

不知讀者們的資料庫裡有多少相關用語呢？請一定要加以活用在日後的腐女活動中哦！

真的有會讓人性致高昂的「春藥」嗎？

攻君希望害羞的受君能變得大膽主動時，或者受君中了其他人的詭計而欲火焚身，攻君幫受君解圍等等──在推進ＢＬ劇情時不可或缺的調味料，就是「春藥」。

所謂的春藥是具有催進性欲效果的藥物、壯陽的藥物以及滋補強壯劑的總稱。春藥的歷史悠久，上千年前的文獻就已經有相關的記載了。據說在中古歐洲流行過以鴿子的心臟、燕子的子宮、兔子的腎臟、烤焦的蠑螈製作的愛情靈藥。江戶時代也販賣過以海獅的睪丸、鹿茸、藥草等各種材料製成的春藥。

很遺憾的是，就現代醫學來說，想控制戀愛的愛情藥只是幻想中的產物；而增加精力、壯陽的食物或藥物，也不過是一種「安慰劑」而已。真可惜啊……。

就算如此，我還是想知道關於春藥的事！在這裡將為有這種想法的人介紹即使在現代也能取得的春藥材料、增加精力的食材。

♥洋蔥♠

現代人的餐桌上很常見的食材，但是在舊約聖經和著名的古印度性愛寶典《慾經》等古代文獻中都把洋蔥視為春藥。古人認為洋蔥具有殺菌消毒的效果，將它視為很有用的「藥物」。說不定也是因此才會期待它同時具有春藥的功效吧。

♥蘋果♠

蘋果被視為舊約聖經中亞當和夏娃偷吃的禁果「智慧的果實」。古巴比倫人也會把蘋果用在性愛咒語中。現代醫學則證明了蘋果中的多酚有促進血液循環的效果。除此之外，紅色也具有引發性興奮的作用。順帶一提，紅酒和巧克力中也都含有多酚。

♥松露♠

松露為世界三大美食之一。法國有名的美食家兼政治家薩瓦蘭於其著作《美味的饗宴》中提到松露具有滋補強壯的功效。真想看看富豪攻餵平民受吃松露的場面呢。

♥蜂蜜♠

性愛時可以塗在身上作為情趣的一環。自古以來就被人們視為春藥的食材之一，也是「蜜月（honeymoon）」一詞的由來。古巴比倫的新婚夫妻在婚後的第一個月裡，每天晚上都必須飲用蜂蜜酒來增強精力，以求能成功「做人」。

♥山藥、秋葵♠

該不會是因為這兩種食材都黏糊糊的，讓人聯想到色色的事情而已吧？其實這些黏呼呼的食物裡都有名為「黏蛋白（Mucin）」的成分，有助於活化性激素。

♥鰻魚♠

自古以來，人們就說鰻魚能「補精壯陽」。現代人知道鰻魚中富含鋅，有助於合成男性荷爾蒙，維持男性的性能力。儘管食材中有許多含鋅量比鰻魚更高的食物（生蠔、魷魚乾、牛肝、豬肝、小魚乾等等），但鰻魚還是特別受到注目的食材。果然是因為外形的緣故嗎？

♥酒精♠

可以讓對方不起疑地攝取，而且效果也相當好。除此之外還有心理實驗證明「酒醉時，對方看起來會特別有魅力」。雖然這麼說，但是喝過頭的話可是會「不舉」的哦，只能適量飲用。

請善加利用生活中就有的食材來妄想，讓性愛場面更激烈吧。

全球化的YAOI！歐美圈的BL用語

就如同「OTAKU（御宅族）」已經成為世界性的詞彙，近年來日本傳播出的動漫宅文化風靡全球。與宅文化一起發展出來的BL文化自然也傳播到全世界，許多國家都有出版BL漫畫的譯本。不只如此，還有因為迷上BL漫畫而開始學日語，甚至因此造訪日本的外國人。現在就是這種全球化的時代。

雖然如此，但外國的御宅族也不只會看日本的BL作品而已。在歐美，BL被稱為「YAOI」，有許多腐女也會自己妄想或創作BL作品。

為了適應愈來愈快的全球化腳步，同時也為了與外國的腐女們交流，在這裡將介紹一些很有用的歐美BL圈的YAOI用語。

♥bottom, top♥

英語圈在指稱「受」與「攻」時使用的詞彙。bottom（下面）與top（上面），既直接又好記！

♥/(slash)♥

與YAOI同為指稱BL的詞彙。為什麼會以/(slash)來作為代稱呢？那是因為在歐美，標記配對的方式是「top/bottom」，與日本標記配對的方式「攻×受」頗為相似。但有時也會標記成「bottom/top」，因為歐美圈比較不執著於攻受之分。喜歡slash的腐女稱為「slasher」。

♥pairing, shipping♥

相當於日本的CP（coupling）之意。ship與船無關，似乎是從relationship（人際關係）一詞演化而來。自己最愛的CP稱為OTP（One

True Pairing）。

♥Bromance♥

意指兩人或兩人以上的男性之間的親密關係。兄弟情誼。是由brother與romance兩字組合而成的詞語。

♥PWP♥

「Plot? What Plot?」，與日文YAOI一詞的由來「沒高沒低沒劇情（ヤマなしオチなし意味なし）」意思相同。在BL衍生創作中，在乎劇情高低起伏的心態也是世界共通的呢。

♥NSFW♥

「Not suitable/safe for Work」的簡寫。相當於日文「小心背後有人」的意思。提醒他人內含色色圖片或影片時的警告標語。

♥Awww♥

萌翻天時使用的感嘆詞。和中文中的「好、好萌啊……」、「我被昇華了……」差不多的感覺。

♥Come!♥

「來了！」為什麼這個英文單字會變成YAOI用語呢？在日本，高潮時喊的「要去了！」在英語圈會說「Come!」。雖然兩個詞的意思完全相反，卻可以用在同樣的場面，真是有趣呢。

♥Omegaverse♥

參考狼族的社會階級模式，混合了雙性人的設定而形成的特殊世界設定。在Omegaverse的世界裡，除了男女兩種性別之外，還有Alpha、Beta、Omega三種性別。即使同性情侶也能生孩子。大家知道嗎？其實Omegaverse是美國的腐女們發展出來的設定哦。也只有從以前就萌Fury（獸人）與Male Pregnancy（男男生子）的歐美圈才能想出這樣的設定呢。在日本，這個設定也逐漸廣為人知，甚至還出現了以Omegaverse為專題的商業BL合集。在中文圈中則以ABO稱之。

看到這裡，是不是覺得歐美YAOI圈也是很博大精深的呢？就像歐美的御宅族為了追求新的萌點而學起日文，日本的腐女為了追求萌點而學習英文的日子，說不定也不遠了。

不只人類！動物界的BL

男男相愛不只是人類社會的專利。在動物界中，也發現了將近1500種動物的同性愛情行為。

在這裡要介紹一些自然界可以看到的「男男」之間的愛情表現。

♥長頸鹿♠

據說公長頸鹿的交配對象有9成是公鹿。公鹿們在爭奪母鹿時會大打出手，但是如果一直分不出高下，反而就會開始親熱起來，以長長的脖子互相摩蹭，舔舐對方的皮毛，最後開始交尾……性致高昂之下的擦槍走火，是種「英雄惜英雄」般的感覺？

♥海豚♠

海豚具有高智商，個性也很友善溫和。公海豚會自成小團體群居，並且有同性性行為，只有在繁殖時才進入大團體與母海豚交配。據說還有發現伴侶關係長達17年的雄性寬吻海豚呢。真是浪漫，對吧？

♥獅子♠

獅子是群居動物。團體中最強的公獅會「開後宮」，率領好幾隻母獅群居。與海豚相同，不屬於團體的公獅們也會組成小團體共同生活。公獅們會以同性性行為來顯示對集團老大的忠誠，以及確認自己在集團中的階級地位。除了獅子之外，這種「騎乘行為」**【※1】**在其他哺乳類動物身上也十分常見。

♥美洲野牛♠

在動物的世界裡，雄性動物之間不一定會以肛交作為愛情表現，但是根據觀察，雄性美洲野

【※1】騎乘行為
雄性哺乳類動物騎乘在同類或其他物體上，做出交尾般動作的行為。主要目的是確認自己在族群中的地位，並非基於發情或生殖。近年來，不分雄性或雌性，所有動物社會中強調自己優勢地位的行為，都統稱為騎乘行為。

牛不但會對同性求愛、做出騎乘行為，還會頻繁地把生殖器插入肛門裡。

♥企鵝♠

不只哺乳類有男男戀。目前全世界的動物園裡，有不少動物園都確認他們飼育的企鵝中有同性伴侶。而且還曾經有過同性夫夫一起孵出其他母企鵝放棄孵育的企鵝卵的紀錄。這種現象也出現在紅鶴之中。在動物界中，有「兩個爸爸」似乎不是稀奇的情況。

♥孔雀魚♠

孔雀魚是容易飼養又美觀的熱帶觀賞魚。其中有一種短鰭花鰤，會「為了被母魚愛慕而與其他公魚交尾」。除了孔雀魚，有些種類的魚或一部分鳥類的雌性都有「挑已經和其他雌性交配過的雄性為交配對象」的傾向。因此，得不到雌性青睞的雄性們會表演交尾秀，試圖以這種方式吸引雌性的注意力。真是複雜的情況啊……。

♥金黃突額隆頭魚♠

頭頂和下巴都有巨大隆起的金黃突額隆頭魚並沒有雄性同性交尾的情形，但是牠們的體質很特別，從卵孵化時，所有幼魚全是雌性，只有體型成長到超過一定長度的魚，才會轉換成雄性。

即使已經產卵過的母魚，也有可能性轉為公魚。有一個真實的例子：某隻公魚因為地盤之爭而被殺了，身為妻子的母魚向其他群體的公魚報殺夫之仇，結果反而成為該群體的領導，身體也愈長愈大，最後成為公魚。這比一般的ＢＬ作品更淒美動人呢……。

在弱肉強食的自然界中，有許多在爭奪交配權中落敗，只好以同性為性行為對象的例子。但是也有相守17年的海豚或一起孵蛋的企鵝情侶這些難以用「沒雌性緣」來說明牠們的同性之愛的例子。這些例子本身就很萌了，但假如將其擬人化，說不定也是另一種樂趣呢。

協力指導者介紹

（本書是依據以下協力者指導，編纂而成。）

■**mii**

醫師，二次元御宅族，相當程度的腐女，有時是手工藝媽媽。本業是外科醫師。目前正熱中於以婦產科醫師為題材，得到講談社漫畫賞的《產科醫鴻鳥》（鈴ノ木祐）。

ヲタママ女医がいろいろ語ってみるか
http://otajoy.hatenablog.com/

■**さーたり**

腐女兼醫師的「腐女醫」，並以此為部落格標題刊載四格漫畫，頗受歡迎，於2016年5月出版《腐女医の医者道！》（KADOKAWA＼Mediafactory）。專攻領域為消化外科。

腐女医が行く!!～外科医でママで、こっそりオタク～
https://ameblo.jp/surgery/

■**大島薫**

1989年出生於巴西，生長於大阪。是AV片商第一位簽定專屬契約的純男性AV女優。2015年6月起以藝人身分開始活動。
著有照片隨筆集《ボクらしく。》、《大島薫先生が教えるセックスよりも気持ちイイこと》（皆為マイウェイ出版）。

大島薫官方部落格
http://www.diamondblog.jp/official/kaoru_oshima/

參考文獻一覽

■《The Science of Orgasm》
Barry R. Komisaruk, Carlos Beyer-Flores, Beverly Whipple　著
Johns Hopkins University Press　２００６年

■《The Compass of Pleasure》
David J. Linden　著
Penguin Group USA　２０１２年

■《Sex Sleep Eat Drink Dream: A Day in the Life of Your Body》
Jennifer Ackerman　著
Mariner Books　２００８年

■《男の弱まり　消えゆくY染色体の運命》
黒岩麻里　著　ポプラ新書　ポプラ社　２０１６年

■《図解入門　よくわかる股関節・骨盤の動きとしくみ》
國津秀治　著　秀和システム　２０１３年

■《官能小説用語表現辞典》
永田守弘　編　ちくま文庫　筑摩書房　２００６年

■《A Billion Wicked Thoughts: What the Internet Tells Us About Sexual Relationships》
Ogi Ogas, Sai Gaddam　著　Plume　２０１２年

■《媚薬の博物誌》
立木鷹志　著　復刊選書　青弓社　２００６年

■《オトコのカラダはキモチいい》
二村ヒトシ、岡田育、金田淳子　著
ダ・ヴィンチBOOKS
KADOKAWA／Mediafactory
２０１５年

■《同性婚　私たち弁護士夫夫です》
南和行　著　祥伝社新書　祥伝社　２０１５年

■《日本男色物語　奈良時代の貴族から明治の文豪まで》
武光誠　監修　カンゼン　２０１５年

■《〈図説〉ホモセクシャルの世界史》
松原國師　著　作品社　２０１５年

BL之間的性愛與身體 踏入腐界最想了解的真相！

2018年2月1日初版第一刷發行
2022年5月1日初版第六刷發行

日文版工作人員

封面插圖	秋吉しま
裝幀	ウチカワデザイン
內文設計	クール・ワークス（坂井ひろ美、小西美穂）
撰文	岡田尚子、上田神楽、平松梨沙、青柳美帆子
內文插圖	香山アオリ（P.17、P.19）、秋吉しま（P.25-P.27）、春田（P.38） 夜月ジン（P.29、P.55、P.58、P.77、P.91） プー・新井（P.9、P.15、P.20、P.33、P.35）
編輯	設楽菜月
協力編輯	浅野安由 株式会社ネオウルフ
協力	株式会社新書館 株式会社東京漫画社 株式会社幻冬舎 株式会社リブレ

編著	Post Media編輯部
譯者	呂郁青
編輯	邱千容、吳元晴
發行人	齋木祥行
發行所	台灣東販股份有限公司 ＜地址＞台北市南京東路4段130號2F-1 ＜電話＞(02)2577-8878 ＜傳真＞(02)2577-8896 ＜網址＞http://www.tohan.com.tw
郵撥帳號	1405049-4
法律顧問	蕭雄淋律師
總經銷	聯合發行股份有限公司 ＜電話＞(02)2917-8022

BL ZUKI NO TAME NO OTOKO NO KARADA TO SEX
Originally published in Japan in 2016 by ICHIJINSHA CO.,LTD.
Chinese translation rights arranged through
TOHAN CORPORATION, TOKYO.

國家圖書館出版品預行編目資料

BL 之間的性愛與身體：踏入腐界最想了解的真相！/ Post Media 編輯部編；呂郁青譯. -- 初版. -- 臺北市：臺灣東販，2018.02
104面；14.7×21公分
ISBN 978-986-475-574-5(平裝)

1. 性知識 2. 同性戀

429.1　　106024664

TOHAN